全解家装图鉴系列

一看就懂的装修预算书

理想·宅 编

中国电力出版社
CHINA ELECTRIC POWER PRESS

内容提要

本书从装修预算的角度出发，系统讲解了装修预算的方法与技巧，使读者能够全面掌握装修预算的各项细节，不被坑、不被骗，有效节省装修预算支出。本书共分为六章，以装修预算为切入点深入剖析了前期规划、设计风格选择、预算支出分配、材料选择、施工价格和软装选择六个方面，将整个家装过程的各个预算要点一一解析，给出装修各个细节的预算估价，为读者提供全面的装修预算知识，解决预算中常见的问题。

图书在版编目（CIP）数据

一看就懂的装修预算书 / 理想·宅编. — 北京：中国电力出版社，2017.1（2018.5 重印）
（全解家装图鉴系列）
ISBN 978-7-5123-9825-2

Ⅰ. ①一… Ⅱ. ①理… Ⅲ. ①住宅－室内装修－建筑预算定额－图解 Ⅳ. ① TU723.3-64

中国版本图书馆 CIP 数据核字 (2016) 第 232877 号

中国电力出版社出版发行
北京市东城区北京站西街19号　100005　http://www.cepp.sgcc.com.cn
责任编辑：胡堂亮　曹巍　责任印制：蔺义舟　责任校对：李　楠
北京博图彩色印刷有限公司印刷·各地新华书店经售
2017年1月第1版·2018年5月第4次印刷
710mm×1000mm 1/16·16印张·339千字
定价：49.80元

前言 Preface

装修预算在整个家庭装修过程中，扮演着极为重要的角色。掌握装修预算的计算方法、各项材料的市场价格与施工细节，可以有效地节省空间总的预算支出，做到签订合同有把握、购买材料不被坑、 装修施工不被骗，全面地掌握装修预算的各项细节。

本书从装修预算的角度出发，系统地讲解了与装修公司签订施工合同时的种种细节；分析了装修中各种设计风格的预算要点及每种风格的预算价格；从不同的空间设计角度，如客餐厅空间、厨卫空间等，剖析了每个空间的主要预算项目及空间总的造价；从装修材料的角度，如地板、石材等，细致地分析了每种材料的不同价位及一些选购的技巧；从装修施工的角度，如水电施工、涂料施工等，分析了不同施工项目的人工费、施工注意事项及施工的节省预算技巧；从家居软装的角度，如大件家具、布艺织物等，总结出每种软装的选购技巧、不同材质间的预算差别。

参与本书编写的人员有武宏达、杨柳、赵利平、李峰、王广洋、董菲、刘杰、于兆山、蔡志宏、邓毅丰、黄肖、刘彦萍、孙银青、肖冠军、李小路、李小丽、张志贵、李四磊 、王勇、安平、王佳平、马禾午、赵莉娟、周岩。

目录

Chapter 4

根据预算选择材料类型

Chapter 5

明确预算中的施工价格

Chapter 6

选好软装使预算更合理

Chapter 1

装修前期规划预算投入

掌握预算认知

了解装修公司

读懂装修报价

谨慎签订合同

约定付款方式

掌握预算认知

了解预算的各种分配方法

（1）在装修的不同阶段，会有不同的预算陷阱。主要体现在前期签订的报价合同中、选购材料时商家欺骗消费者、施工时因业主的不同而费用增加等。掌握这些预算关键，可有效地节省额外的预算支出。

（2）在前期制定预算支出时，应划定好软装与硬装的预算投入比例，以及各项材料的支出比例，做好预算的统筹性工作。

（3）在预算支出有限的情况下，掌握合理的分配与空间设计手法，可有效地节省预算支出。

（4）全包、半包、清包是预算常见的集中分包方式，掌握三种情况的优缺点，可帮助业主做出更合理的选择。

掌握装修中的常见陷阱，避免预算额外支出

1 设计阶段——增加不必要的设计成本

多做预算

装修公司往往会在做预算时多算总价，这样一来便于与消费者讨价还价，做个“顺水人情”。装修公司包主材的工程，往往会在丈量材料时进行多估预算，让业主多花不必要的材料费。

报价陷阱

一些装修公司把一个报价项目分为多个单项来报价，如将墙漆工程分成底漆、面漆等小项，每一小项看上去价格都不高，但加起来却高出“一大截”。

合同陷阱

在签订合同时一定要认真阅读有关违约赔偿，有的合同上面写的是所有损失赔偿不超过合同总额的10%。这样在签订合同后出了任何问题，装修公司赔偿很少，甚至不用负责任。

2 采购阶段——材料偷换最常见

同品牌低质材料

装修公司在报墙面涂料时仅写“××漆”三字，但在具体施工时采用的却是最便宜的该品牌漆;有的装修公司会趁业主不注意时将优质材料换成劣质材料。

地板警惕龙骨或踢脚线

有的装修工人会在龙骨或踢脚线上动手脚，用不好的材料代替。另外，掌握木地板铺装数量的计算方法也很重要，买了多少，铺了多少，剩下多少，这个账要有数。

涂料量不够

涂料包装有5升一桶的、10升一桶的，但是里面装涂料的量却不一定如包装所示，原因就是以体积标注的量业主很难查验。

3 施工阶段——合同外工程使成本上升

水电改造

改电项目时，按电线管路长度报价，实际却按管内电线的长度计价，如果管路里面有3根电线，总价就要翻3倍。或者走线多绕路，增加管线使用长度。在装修公司和业主签订家装合同的时候，由于现场一些情况在这个时候不是很清楚，所以报价一般标注的是水电改造的项目单价，而工程总费用是不包含水电改造的费用的。

增收费用

很多合同中写着增减项要交纳管理费用。实际装修中，业主如感到原设计不合理，要求改动，装修公司就要按合同收取减项或改动管理费才肯改动。所以在签订合同或补充协议时，一定要写明，设计不符合要求或增加必要功能时，消费者有权免费增减项目。

装修过程中的预算分配

1 装修部分的预算

装修资金分配方案按步骤分类，可体现在设计、硬装、软装、购买电器四个环节上，资金分配比例各有不同。

装修公司完成的部分

（1）部分材料费。

（2）人工费。人工费是指装修工人的基本工资及基本生活费用，但并不是所有的木工或油工都是“老手”，如某装修公司为业主指派了四个木工，其中“老手”只有一名，其他三名为一名有经验的木工和两名学徒工。

（3）机械费。包括圆锯机、电锤、空压机、石料切割机、手电钻、卷扬机等的材料费用、人工费和机械费是直接用在工程上的费用，又叫工料机直接费用，在这种形式报价中也可以叫直接费。

（4）企业管理费。企业管理费又叫间接费，包括公司员工的工资、保险费、项目经理活动费、办公用品费、设备折旧费、通信费、车费、财务费用等。

（5）利润。利润是公司要得到的净利润，公司上缴给国家的税金按国家规定税收费率标准计取。

业主自己购买的部分

（1）地面材料，洁具，灯具，开关面板，大、小五金，橱柜等。

（2）这部分的选材不同，价格的变化也会非常大，这是造成家装投资超支的最重要的原因。

（3）瓷砖、木地板、坐便器、浴缸阀门、台盆、橱柜、五金等几个方面的合理预算对家装预算具有决定性的作用。

2 家具部分的预算

选择合适的家具，可以增加房间的装饰效果和使用功能，而且合理的价位也是家装总造价不超标的保障。

预算支出有限的分配方法

1 轻装修、重装饰

“轻装修、重装饰”将逐步形成潮流，因为装修的手段毕竟有限，无法满足个性家居的设计要求，而风格各异、款式多样的家具和家居装饰品，却可以衍化出无数种家居风格。所以，许多人在装修时只要求高质量的“四白落地”，同时利用装饰手段来塑造家居的性格。因此，应把预算资金的大部分投入到装饰中。

▲卧室的墙面及顶面并没有设计复杂的造型，而是利用布艺窗帘及床品等烘托空间的温馨氛围

2 大客厅、小卧室

目前大客厅、小卧室的户型越来越多。在这种情况下，就可以在卧室的装修中少花费一些。客厅除了用来接待客人之外，更多的功能还是全家团聚、娱乐的地方，同时客厅的装修更能体现每个家庭的特色。相反，卧室功用相对简洁一点，以温馨为主。

3 简单顶面、主题墙面、重点地面

净高比较低的房间

净高比较低的房间在房间顶部的处理上以简单为最好，这样不会产生压抑感。

家具比较多的房间

家具比较多的房间的墙面装修可以相对简单处理，因为墙面的大部分，尤其是墙围会被家具挡住。可以借鉴“主题墙”的办法，即确定房间的一面墙为“主题墙”，在这面墙上，采用各种装饰手法来突出整个房间的风格，其他墙面则可简单处理。

地面的装修

地面的装修是需要下功夫的地方。因为地面装饰材料的材质和颜色，决定了房间的整体装饰风格，而且地面的使用频率明显要比墙面和顶棚高，所以要使用质地和颜色都较好的材料。

按需选择全包、半包和清包

1 了解什么是清包

清包又叫包清工，是指业主自行购买所有材料，找装修公司或装修队伍来施工的一种工程承包方式。由于材料和种类繁多，价格相差很大，有些人担心别人代买材料可能会从中渔利，于是部分装修户采用自己买材料、只包清工的装修形式。

优点 自由度和控制力大；自己选材料，可以充分体现自己的意愿；通过逛市场，可以对装料的种类、价格和性能有直观的了解。

缺点 清包需要投入的时间和精力较多；逛市场、了解行情、选材，这需要大量的时间；联系车辆，拉运材料，工期相对会较长；清包需要对材料有相当的了解，否则在与材料商打交道的过程中，难免会吃亏上当。

2 了解什么是半包

半包是介于清包和全包之间的一种方式，施工方负责施工和辅料的采购，主料由业主采购。包工包料分为全包和包工包辅料两种方式。其中包辅料是业主自购主料，而施工单位承担人工、施工机具及辅料的方法；包工包料是由施工单位负责采购全部材料、提供人工及施工机具。

优点 价值较高的主料自己采购可以控制费用的大头；种类繁杂价值较低的辅料业主不容易弄清楚，由施工方采购比较省心。

缺点 半包装修的优点是选购建材有主导性，但同时也是它的缺点所在。主材挑选需要花不少时间跑建材市场，而且每一款材料都需要做好验收，装修公司负责提供的材料与自购的材料必须在合同上写明，避免装修公司钻空子。

3 了解什么是全包

全包又叫包工包料，所有材料采购和施工都由施工方负责。装修造价包括材料费、人工机械费、利润等，另外还要暗摊公司营运费、广告费、设计师佣金等，客户交的钱只有六成能花到房子装修上面。

优点 相对省时省力省心，责权较清晰；一旦装修出现质量问题，装修公司的责任无法推脱。

缺点 费用较高；由于材料价格、种类繁杂，装修户了解甚少，很容易上当。

了解装修公司

不同公司间的预算差别

预算要点

（1）不同的装修公司，其运营的方式也是不同的。有些会采用外包工人施工，有些则是自己的工人施工。而这些问题，直接地关系到在装修公司支出预算的性价比。

（2）考察装修公司时，除去了解运营模式，更要注意装修公司的运营执照等多方面的合法证件。

（3）掌握与装修公司沟通的技巧，不仅可以把控设计与材料的好坏，还可以把控好每一处装修预算的支出细节。

装修公司几种不同类型

1 连锁店类装修公司

全国各地都有这类装修公司的分店，或者一个城市内各处分布着这类装修公司，带给人一种公司规模庞大的感觉。其实并不然，很多这类型的装修公司，是属于加盟的性质，挂着相同的公司名字，却各自相互独立。出现这样的问题房主应该警觉，因为不同的装修公司之间往往拥有不同实力的装修队伍，因此施工质量高低、设计水平好坏，不具备可参考性。不能盲目相信连锁店规模带来的虚假繁荣。

优点：公司制度完备，流程清晰。业主会减少许多不必要的麻烦，责任分工更清晰。

缺点：各个公司之间相对独立。不能保证同一水平的施工队伍与设计师队伍，参差不齐的现象明显。

2 租用写字楼的小型装修公司

这类装修公司往往倾向于主动地了解业主。因此，在设计的服务上是贴心的，更注重业主的心理感受。施工队伍往往是老板的朋友。公司构架简单，解决问题随意。设计水平往往因设计师的个人见识受到限制。施工的水平更应当以真实见到的施工户型为标准。在签订施工合同时，一定要看好细节，划分好责任。

优点：公司服务热情，关心业主的每一个问题。施工比较集中，且施工质量优秀。

缺点：公司没有明确的管理体系，容易导致后期施工的拖延。设计师水平不高。

3 龙头类型装修公司

有些装修公司属于行业内的龙头企业，拥有庞大的规模与精湛的设计团队。对于施工队伍的管理，有细致的、明确的规章制度。选择这类装修公司，令人有放心的感觉，但却受阻于高昂的装修费用（人工与辅材的费用往往超出一般的装修公司许多）与设计师冷漠的服务态度。这类装修公司集家居展示、施工展示于一体，方便业主了解装修。

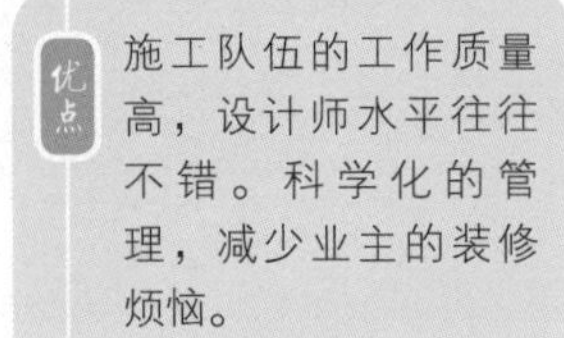

缺点 装修价格高，很难依据业主的意愿做事。

4 设计工作室

这类装修公司是以设计为主、施工为辅的方式运营，多是一些有丰富设计经验的、在行业工作时间久的设计师建立的装修公司。在设计上，往往有独到的见解，可以提供符合家庭格局的设计方案，化解户型难题，但设计费高昂，适合对设计有高要求的人群。施工队伍可信赖度高，一般是设计师常年合作的施工队伍。因大多数设计工作室制度不完备，所以审核预算时应细心。

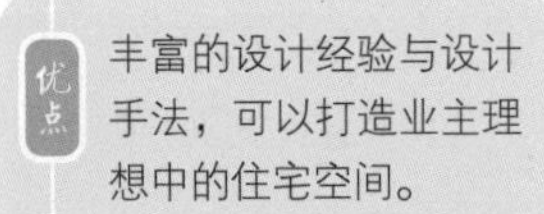

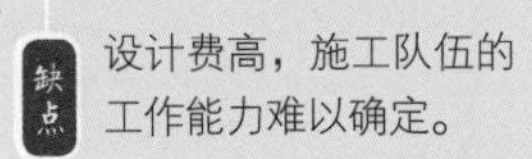

TIPS:
深入考察所选择的公司

（1）看公司是否有营业执照、资质证书，是否有设计和施工的能力。

（2）看公司是否有诚意，每个员工、每个部门是否都用心、出力。

（3）看公司的售后服务是否热情，方便快捷、一步到位。

（4）可以去参观公司已经完成的工地，最主要的是看最不起眼的位置，这样很快就能了解该公司的负责程度。

（5）看公司正在施工的工地，了解其设计、施工水平，施工工具是否齐全，管理是否到位等。

（6）看公司的预算透明程度，还要了解其定价是否合理，是不是一看就明白。

学会与装修公司的沟通技巧

1 要了解主要材料的市场价格

家装的主要材料一般包括墙地砖、木地板、油漆涂料、多层板、壁纸、木线、电料等。掌握这些材料的价格会有助于在与装修公司谈判时基本控制工程总预算，使总价格不至于太离谱。

2 要了解常见装修项目的市场价格

家装工程有许多常见项目，如贴墙砖、铺地砖或木地板等，这些常见项目往往占到中高档家装总报价的70%～80%。了解这些常见项目的价格，会有助于业主量力而行，根据自己的投资计划决定装修项目，也可以预防一些装修公司在预算中漫天要价，从而减少投资风险。

3 要了解与其合作的装修公司情况

在初步确定了几家装修公司作为候选目标以后，要尽可能地多了解一些关于这些公司的情况，以便于进行下一步的筛选工作。具体方法可以是：如果这家公司位于家装市场中，可以去市场办公室请工作人员介绍一下该公司的情况，或者以旁观者的身份观察这家公司，如他们是怎样和客户谈判的，有无客户投诉及投诉的内容是什么等。

4 要清楚希望做的家装主要项目

根据投资预算决定了关键项目以后，就要有目的地了解掌握相关知识，因为这些关键项目也许会决定业主的家居经过装修后的整体效果。千万不要在谈判时让装修公司看出自己一点儿也不懂而受到欺骗。

读懂装修报价

了解预算的各项细节

预算要点

（1）了解装修报价单中各个项目的支出所占比例，可有效地掌握装修预算的支出方向与细节，并识破哪些项目是毫无意义的。

（2）装修报价单的表格上有许多重要的信息，了解并掌握每一个标注所代表的含义，可帮助业主更好地看懂装修报价单。

（3）常见的预算报价方式有很多，如按照平方米的全包报价。了解不同的报价方式，就可以估算出房屋装修总预算的价格区间。

（4）拿到装修报价单时，应仔细审核里面的各项内容，并根据预算的多少决定项目的去留。

预算报价单的项目费用

1 主材费

主材费是指在装饰装修施工中按施工面积或单项工程涉及的成品和半成品的材料费，如卫生洁具、厨房内厨具、水槽、热水器、煤气灶、地板、木门、油漆涂料、灯具、墙地砖等。

报价单的占比量

因不锈钢的相关费用透明度较高，客户一般和装饰装修公司都能进行有效沟通，预算占整个工程费用的60%～70%。

2 辅助材料费

辅助材料费是指装饰装修施工中所消耗的难以明确计算的材料，如钉子、螺钉、胶水、老粉、水泥、黄沙、木料以及油漆刷子、砂纸、电线、小五金、门铃等。

报价单的占比量

这些材料损耗较多，也难以具体算清。这项费用一般占到整个工程费用的10%～15%。而现在装饰装修公司在给居民装饰装修报价时一般均以成品施工单价报价，不需要业主逐项计算。

3 管理费

管理费是指工程的测量费、方案设计费和施工图纸设计费。设计是一项复杂的脑力劳动，设计师在装饰装修企业管理中所产生的费用包括企业业务人员和行政管理人员的工资、企业办公费用、企业房租、水电通信费、交通费及管理人员的社会保障费用及企业固定资产折旧费和日常费用等。

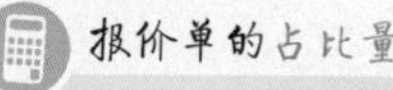

管理费为直接费的5%~10%。

4 税金

税金是指企业在承接工程业务的经营中向国家所缴纳的法定税金。

报价单的占比量

税金为不含税工程造价的3.41%。

看懂预算报价单

1 审核图纸是否准确

在审核预算前，应该先审核好图纸。一套完整、详细、准确的图纸是预算报价的基础，因为，报价都是依据图纸中具体的面积、长度尺寸、使用的材料及工艺等情况而制定的，图纸不准确，预算也肯定不会准确。

2 工程项目是否齐全

要核定预算中所有的工程项目是否齐全，需要把要做的项目都列在预算表上，检查是否有少报了一个窗口或者漏掉了卫生间、吊顶等现象。

3 图纸与预算尺寸应一致

参照图纸核对预算书中各工程项目的具体数量。例如，用图纸上的尺寸计算出刷墙漆的面积是85m^2，那么预算书应该是84~86m^2，相对来讲数据计算应该是相当严谨和准确的，如果按图纸计算的面积是85m^2，而预算书是90m^2，这就是明显的错误。对于一些单价高的装修项目，往往就会相差上千元钱。

4 材料和工艺说明要具体

装修公司应该告诉业主，所报的这个价格是由什么材料、什么工艺构成的。如果看到这么一项报价："墙面多乐士38元/m^2"，这显然不够具体。"多乐士"是一个墙面涂料的品牌，包括很多产品，有内墙漆、外墙漆等，内墙漆又分为几大类，且每种漆又有很多种颜色。

了解常见的预算报价方法

1 全面调查，实际评估

在对建筑装饰材料市场和施工劳务市场调查了解后，计算出材料价格与人工价格之和，再对实际工程量进行估算，从而算出装修的基本价，并以此为基础，计入一定的损耗和装修公司既得利润即可，在这种方式中，综合损耗一般设定在5%~7%，装修公司的利润可设在10%左右。

预算方法

业主要装修三室两厅两卫约120m^2建筑面积的住宅，按中等装修标准估算，所需材料费约为50000元左右，人工费约为12000元，那么综合损耗约为4300元左右，装修公司的利润约为6200元左右。以上四组数据相加，约为72000元左右，这就是估算的价格。

2 了解同档次房屋的装修价格

对同等档次已完成的居室装修费用进行调查，所获取到的总价除以每平方米建筑面积，所得出的综合造价再乘以即将装修的建筑面积。例如，经济型为400元/m^2，舒适型为600元/m^2，小康型为800元/m^2，豪华型为1200元/m^2等。业主在选择时应注意装修工程中的配套设施，如五金配件、厨卫洁具、电器设备等是否包含在内，以免上当受骗。

预算方法

新房中高档居室装修的每平方米综合造价为1000元，那么可推知三室两厅两卫约120m^2建筑面积的住宅房屋的装修总费用约在120000元。要知道，这种预算方法只适合估算房屋的总造价。并不能完全确定预算的造价就在这个范围之内。在实际情况中，造价可能会比这个数值高，也可能会远低于这个数值。

3 对综合报价有了解

通过细致调查，对各分项工程的每平方米或每米的综合造价有所了解，计算工程量，将工程量乘以综合造价，最后计算出工程直接费、管理费、税金，所得出的最终价格即为装修公司提供给业主的报价。这种方法是市面上大多数装修公司的首选报价方法，其名类齐全，内容详细、丰富，可比性强，同时也成为各公司之间相互竞争的有力法宝。

在拿到这样的报价单时，一定要仔细研究。第一，要仔细考察报价单中每一单项的价格和用量是否合理；第二，工程项目要齐全；第三，尺寸标注要一致；第四，材料工艺要写清；第五，还应该说明特殊情况的预算。

审核预算报价单内容	
比较单价	通过参考预算表里面的人工价格和材料价格进行每个项目的材料和人工价格比较。对不明白的项目可以问清楚，对于预算表里有的项目，装修公司没报的一定要问清楚，对装修公司有的而预算表里没有的项目也要问清楚，避免装修公司以后逐渐加价，超过预算
去重	对于有些项目重复的地方要审核清楚，如找平，有的公司可能会把厨房找平算为一项，然后后面再单独来一项找平。为避免重复收费，尽量要审核清楚
弄清工程数量	对于工程量一定要问清楚，比如防水处理，要弄清楚是哪些面积要做开封槽，40m要弄清楚是哪40m，确认数量是否如此
主材、辅材分开	对于材料一定要将主材和辅材分开报，并且每个材料的单价、品牌、规格、等级、用量都要要求装修公司说明清楚分开报价，同一项目材料用不同品牌和用量，总价也会不同
注明工艺	针对施工工艺和难度不同人工收费也不同，需要装修公司对不同项目进行注明，如贴不同规格的瓷砖人工收费也是不同的，铲墙铲除涂料层和铲除壁纸层也是不同的。还有墙面乳胶漆施工喷涂、滚涂、刷涂不同工艺效果不同人工收费也不同，耗费的面漆用量也不同，这都牵涉到项目整个花费量。比如喷涂效果最好，但人工也比后两者每平方贵1.5元左右，后两者人工相同，而且相对省料，但效果不如前者
审核收费	对于某些项目外收费要合理辨析，如机械磨损费就不应该有，管理费应该适当收取5%～10%，材料损耗大概是5%，税金是肯定要收取的
弄清计价单位	对不同项目工程量报价单位要弄清楚，比如大理石就应该按照“m^2”报，而不是按照“m”来报，按“m”报总价就会增加，确保每个项目的报价单的单位都合理
问清综合单价	对于笼统报价的项目要问清楚里面包括哪些内容
分清厂家与装修公司安装项目	对于有些产品是厂家包安装和运送上楼的，要从装修公司的人工费和运送费里面扣除，如吊顶、水管、橱柜、地板、门窗、壁纸等

降低预算报价的方法	
实用至上	房子是用来居住的，装修应紧紧围绕生活起居展开，不能中看不中用。在装修中，一定要记住“实用才是硬道理”
方案阶段尽量减少工程量	在方案阶段，尽量减少工程量，如墙面能不贴墙纸尽量不贴，贴上虽然美观，但不环保。尽量减少吊顶、装饰线条，线条的造价是比较高的，虽然美观，但从使用功能上起不到任何作用，特别是矮小的房子，如果用深色粗线条会显得房子更矮
不要盲目选择	装修的预算主要取决于装修的材料和装修的档次，这也是在装修前一定要考虑好的问题，毕竟装修是个无底洞，不同品牌、不同档次的材料价格相差很大
尽量不要增加或少增加项目	除了必须增加的项目外，严格控制好项目的增加量
选择合适的装修公司	合理选择装修公司是控制成本最好的办法，不妨多比较几家装修公司
大众化的材料与工艺	装修中要有重点，重点的部分不妨多花点儿钱，装修出档次和格调，其他部分不妨就选择大众化的材料和工艺，这样既能突出重点，又能省下不少钱
小房子不要贴大块的墙砖、地砖	大块的地砖会加大材料损耗量，如果橱柜面积较大，可用低价位的材料贴背面
“货比三家”选材料	材料有不同的等级，即使是同等级的材料在不同的卖场价格上也会有差异，因此选材一定要“货比三家”
准确计算材料用量	订货时计算材料量要避免过大过小，有些材料是不能退的，如切割了的地砖、地脚线等
买打折材料	买名牌打折的材料，既省钱又能保证质量
团购大件家具	大件设备可参加团购或待厂家搞促销时集中采购
专业人士帮忙	在选购材料时，不妨与专业人士或装修工人同去，一来他们比较了解行情，二来他们跟材料商比较熟悉，没准能得到优惠
淡季装修	装修也有淡季和旺季之分，旺季时工人和材料比较“抢手”，价格当然也会比较高

谨慎签订合同

掌握签订合同的技巧

预算要点

（1）签订装修预算合同前，一定要商定好工期、付款方式等一些重要的内容，以防后期的沟通中出现分歧。

（2）签订合同时有些常见的注意事项，如装修合同中出现一些含糊的词汇时，业主应拒绝签订，不然在后期施工中，会出现许多难以预料的问题。

（3）签订的装修合同中，施工材料硬顶一定要标记准确，施工工艺需要描述清楚。

（4）签订好的装修合同，必须要保存完整，以便后期发生问题时，有一定的法律保护。

洽谈装修合同时的要点

1 工期约定

一般两居室100m²的房间，简单装修工期在35天左右，装修公司为了保险，一般会把工期定到45～50天，如果着急入住，可以在签订合同时与设计师商榷此条款。

2 付款方式

装修款不宜一次性付清，最好能分成首期款、中期款和尾款等。

3 增减项目

装修过程中，很容易有增减项目，如多做个柜子，多改几米水电路等，这些都要在完工时交纳费用。因此在追加时要经过双方书面同意，以免日后出现争议。

4 保修条款

装修的整个过程主要以手工现场制作为主，所以难免会有各种各样的质量问题。保修期内如出了问题，装修公司是包工包料全权负责保修，还是只包工、不负责材料保修，或是有其他制约条款，这些都要在合同中写清楚。

签订装修合同时的注意事项

1 在合同中将所用材料的信息写清楚

购买材料时，要和材料商在合同里写好使用某种型号某批次的一等品或合格品。在和工人一起购买材料时，也要写好协议书，一定要一次性购买好材料，不够时，要使用同等品牌同型号的材料。

2 在合同中写清楚施工工艺

在合同中写清楚施工工艺，是一个约束施工方严格执行约定工艺做法、防止偷工减料的好方法。尽管合同里做了一些规定，但是大多比较粗浅，主要反映在对于材料的品牌、采购的时间期限以及验收的方法、验收人员没有做出明确规定，所以在合同文件中一定要写清楚施工细节。另外在装修过程中做好跟踪监督，监督施工中是否谎报用料、用工，监督防水、管线等重点施工时段，避免“隐蔽部位”留下隐患。

3 细化装修合同的内容

大多数业主在装修时都非常注重装修的整体费用和装修设计，在签订合同时也会特别注意装修材料、工艺、工期等方面的约定，而忽略了装修款的支付方式等问题，甚至有些合同还没有对其进行明确的约定，结果在施工过程中常常因某笔款项的支付时间不明而产生纠纷，从而影响工程进度和装修质量。其实，业主在签订装修合同时，就要在合同中明确装修款的支付方式、时间、流程等，以及违约的责任及处置办法等。合同约定得越仔细，纠纷产生的可能性就越小，装修的时间和质量才会得以保证。

掌握签订合同的最佳时间

一般情况，当合同中有下列条款时，业主基本可以考虑在合同上签字

□合同中应写明甲乙双方协商后均认可的装修总价

□工期（施工和竣工期）

□质量标准

□付款方式与时间［最好在合同上写清“保修期最少3个月，无施工质量问题，才付清最后一笔工程款（约为总装修款的20%）”］

□注明双方应提供的有关施工方面的条件

□发生纠纷后的处理方法和违约责任

□有非常详细的工程预算书（预算书应将厨房、卫浴间、客厅、卧室等部分的施工项目注明，数量也应准确，单价也要合理）

□应有一份非常全面而又详细的施工图（其中包括平面布置图、顶面布置图、管线开关布置图、水路布置图、地面铺装图、家具式样图、门窗式样图）

□应有一份与施工图相匹配的选材表（分项注明用料情况，如墙面瓷砖，在表中应写明其品牌、生产厂家、规格、颜色、等级等）

□对于不能表达清楚的部分材料，可进行封样处理

□合同中应写有“施工中如发生变更合同内容及条款，应经双方认可，并再签字补充合同”的字样

当合同中下列条款含糊不清时，业主不能在合同上签字

□装修公司没有工商营业执照

□装修公司没有资质证书

□合同报价单中遗漏某些硬装修的主材

□合同报价单中某个单项的价格很低

□合同报价单中材料计量单位模糊不清

□施工工艺标注得含糊不清

约定付款方式

分期付款有保障

预算要点

（1）了解开工预付款包括开工时，前期费用的交付时间，交付之后有哪些项目进行施工等。

（2）交付中期进度款之前，一定要先验收好房屋已经施工的项目不存在质量问题。否则在交付之后发现问题，装修公司很可能会拒绝维修。

（3）了解后期进度款项的支付比例，并要在支付后期款项后，还要保留一部分作为验收时交付的尾款。这样做的好处在于，一旦发现问题，施工方面没有拒绝维修的理由，对业主是一种保障。

开工预付款

1 了解开工预付款

开工预付款是工程的启动资金，应该在水电工进场前交付。用于基层材料款和部分人工费，如木工板、水泥、沙子、电线、木条等材料费，以总工程款的30%为宜。

2 交付开工预付款的时间

工程进行一半后，可考虑支付总工程款的30%～50%。因为这时基层工程已基本完成并验收。而饰面材料往往比基层材料要贵一些，如果这时出现资金问题，最易出现延长工期的情况。如果一次性支付的金额较大，可分成2～3次支付，但间隔时间可短些，每次支付的金额可相对少些，以杜绝装饰公司将大笔资金挪作他用。

3 开工预付款用途

预付款可以更好地保证工程质量。对于工程质量可根据《建筑装饰装修工程质量验收规范》（GB50210-2001）上所规定的标准进行验收。

中期进度款

1 了解中期进度款

随着工程进度推移，业主应该学会掌握中期进度款的支付数量。最先预付的款项一般都是基层材料款和少量人工生活费。

2 交付中期进度款的时间

中期进度款应该是在装修工程中期的时候交付的，因此可以在装修工程中期交付。

后期进度款

1 了解后期进度款

后期进度款应该是在工程后期所交付的费用。主要是用于后期材料的补全及后期维修维护的费用。

2 交付后期进度款的时间

后期进度款一般在油漆工进场后交付，约为总工程款的30%，期间如发现问题，应尽快要求装修公司及时整改。

竣工后尾款，验收合格后付款

了解竣工尾款

竣工尾款换言之就是在工程尾段完成验收合格的时候所交给施工队的最后一笔款项。交完这笔款项后，整个装修付款流程结束。

Chapter 2

根据预算选择设计风格

现代风格　　美式乡村风格

简约风格　　田园风格

混搭风格　　地中海风格

中式风格　　东南亚风格

新中式风格　　北欧风格

欧式风格

现代风格 简洁的设计线条减少预算支出

预算要点

（1）现代风格不注重复杂的、纹理多样的造型，因此装修造价一般保持在15万~20万元。

（2）现代风格没有繁复的墙顶面造型，因此硬装方面的预算可以尽量地缩减，而将更多的预算投入到后期的家具及软装饰品方面。

（3）现代风格的设计总是充满创意与时尚感，很符合想要寻求中高档次装修的业主。

（4）当预算支出有限时，可利用现代风格家具容易搭配的特点，多选购家具单品，而避免选购价格高昂的组合式家具。

掌握现代风格要素，节省预算开支

现代风格即现代主义风格，又称功能主义，是工业社会的产物。提倡突破传统，创造革新，重视功能和空间组织，注重发挥结构构成本身的形式美，造型简洁，反对多余装饰，崇尚合理的构成工艺;尊重材料的特性，讲究材料自身的质地和色彩的配置效果。因现代风格对造型的简洁化要求及反对多余的装饰，在预算中可节省大量的不必要的开支。

▲空间内的吊顶设计简洁，预算主要表现在墙面镜片、定制柜体等墙面造型上

现代风格的建材预算

1 复合地板

现代风格不同于其他风格在客厅及餐厅的地面设计瓷砖或满铺大理石，而是将复合地板满铺在客厅及餐厅的区域，通常以浅色系的地板为主，搭配墙面简洁的造型。

预算估价

复合地板在商场上的价格一般在119~260元/m^2。

2 不锈钢

不锈钢的镜面反射作用，可实现与周围环境中的各种色彩、景物交相辉映的效果，很符合现代风格追求创造革新的需求。

预算估价

不锈钢常以不锈钢边条的形式出现，市场价格在15~35元/m。

3 大理石

大理石地砖铺贴的地面，大理石塑造的电视背景墙，大理石贴装的厨房台面等，都是现代风格中常用设计手法。

预算估价

大理石在商场上的价格一般在119~260元/m^2。

4 木饰墙面

利用木饰面板的先进工艺，设计在客厅的电视背景墙或其他集中展示装饰的位置。木饰墙面通常造型简洁，以大面积的木饰面纹理搭配不锈钢收边条结合成整体的装饰。

预算估价

木饰面墙板的市场价格在70~230元/张。

5 玻璃

玻璃可以塑造空间与视觉之间的丰富关系。比如雾面朦胧的玻璃与绘图图案的随意组合最能体现现代家居空间的变化。

预算估价

装饰玻璃的市场价格在58~320元/m^2。

6 珠线帘

在现代风格的居室中可以选择珠线帘代替墙和玻璃，作为轻盈、透气的软隔断，既划分区域，不影响采光，又能体现居室的美观。

预算估价

珠线帘的市场价格在90~180元/个。

现代风格的建材预算

1 造型茶几

现代风格选择造型感极强的茶几作为装点的元素，在功能上方便人们的日常使用，而具有流动感的现代造型也可称为空间装饰的一部分。

预算估价

造型茶几的市场价格一般较高，600~1450元/个。

2 躺椅

根据人体工程学设计的躺椅具有舒适的坐卧感，且在造型上具备优美的流动弧线；材质多采用具有时尚感的皮革包裹。摆放在客厅的一侧，同样可以成为空间的装饰。

预算估价

躺椅的市场价格一般较高，890~2000元/个。

3 布艺沙发

布艺的样式多采用纯色系的色调，不采用大花纹或条纹的纹理，同时沙发从造型到内部构造都以舒适度为主，并具有简洁性的美感。

预算估价

布艺沙发的种类繁多，市场价格在2900~4900元/套。

4 线条简练的板式家具

追求造型简洁的特性使板式家具成为此风格的最佳搭配伙伴，其中以茶几和电视机背景墙的装饰柜为主。

预算估价

板式家具包括衣柜、鞋柜、书柜及各类桌椅等，市场价格在1500~3650元/组。

TIPS:
自由选择家具巧搭配

选购现代风格的家具时，不要局限于已经搭配好的组合家具，而应广泛地关注符合家居装修风格的家具。这样可以使整体空间的风格更加统一，并且重要的是购买已经搭配好的组合家具的价格往往更高，而选择单品家具然后进行组合，如客厅的沙发组合可以选择具有创意的单品茶几、躺椅进行搭配。实现既搭配出时尚的空间，又合理地节省了预算支出的效果。

现代风格的装饰品预算

1 抽象艺术画

装饰画的主题以抽象派的画法为主，画面上充满了各种鲜艳的颜色。这类装饰画悬挂在现代风的空间中，使空间增添时尚感，并提升空间的视觉观赏性，提升空间主人的文化品位。

预算估价

市场价格一般在400~1500元。组合式的抽象艺术画价格会更高。

2 无框画

无框画因没有边框的设计，很适合现代风格的墙面造型设计。将无框画悬挂在墙面，可以与墙面的造型很好地融合一起，使空间设计看起来更加的整体。

预算估价

市场价格一般在100~600元。

3 时尚灯具

如不锈钢材质的落地台灯、线条简洁硬朗的装饰台灯，其对空间起到辅助性照明作用的同时，对空间起到主要的装饰作用。这类灯具的装饰性是大过其本身的功能性的。

预算估价

造型具有现代感的台灯、落地灯等的市场价格一般在300~850元/盏。

4 马赛克拼花背景墙

马赛克拼花除了可以选择商家提供的图案，也可以自己选择图案，让厂家根据需要制作，这样的量身定制的模式可以很好地贴合背景墙的面积，使设计看起来更具时尚感。

预算估价

因马赛克拼花存在可定制的特点，市场价格一般在260~880元/m^2。

5 金属工艺品

金属工艺品的造型种类多样，或是人物的抽象造型，或是某种建筑的微观模型等，具有十分亮眼的金属光泽。摆放在现代风的客厅及书房等，提升空间的趣味性。

预算估价

市场价格一般在680~1700元/个。

简约风格 轻装修、重装饰决定预算方向

预算要点

（1）简约风格的造型简洁，不采用复杂的设计元素，因此装修造价一般保持在10万~15万元。

（2）简约风格的墙面通常很少采用造型的设计，而是选择利用色彩的变化增添空间的设计感。因此，简约风格的墙面预算总能控制在一个合理的范围内。

（3）简约风格的设计常选择纹理图案少的、造型简洁的建材，这样可从建材选购上节省出一部分算支出。

（4）简约风格的家具与装饰品的造型虽然不复杂，但材质的选用通常是高质量的，因此简约风家具的预算并不会很低。

掌握简约风格要素，节省预算开支

简洁、实用、省钱，是简约风格的基本特点。其风格的特色是将设计元素、色彩、照明、原材料简化到最少的程度，但对色彩、材料的质感要求很高。因此，简约的空间设计通常非常含蓄，往往能达到以少胜多、以简胜繁的效果。而且这样设计出来的空间，总是能节省出许多的预算费用。

▲简约风格的墙面及顶面设计，一般比较简单，不会占用过多的预算

简约风格的建材预算

1 纯色涂料

纯色涂料是家居中常见的装饰涂料，其色彩丰富、易于涂刷。简约风格的居室中常用纯色涂料将空间塑造得干净、通透。

预算估价

纯色涂料的市场价格在110~260元/桶。

2 釉面砖

釉面砖防渗，可无缝拼接，基本不会发生断裂现象，与简约风格追求实用的理念不谋而合。

预算估价

釉面砖的市场价格在220~350元/m²。

3 爵士白大理石

一般设计在简约风格的客厅，选择整铺在墙面，搭配不锈钢边条，或者是在爵士白的大理石表面上悬挂色彩艳丽的装饰画。

预算估价

人造爵士白大理石的市场价格在160~280元/m²。

4 黑镜

黑镜的造型通常以竖条的形式出现，通常结合白色的墙面石膏板造型，使一面墙看起来充满黑白的对比色。

预算估价

黑镜的市场价格在130~180元/m²。

TIPS:

巧用黑镜拓展空间

设计简约风格的墙面时，面对较小的空间可采用黑镜满铺墙面的设计。因为黑镜的市场价格不高，而且不会占用空间的流动面积，并且通过黑镜的反射原理，从而实现增大空间的视觉面积。设计墙面黑镜时，可采用多种搭配方式，如黑镜搭配大理石墙面、黑镜搭配石膏板凹凸造型墙面等。

简约风格的家具与装饰品预算

1 多功能家具

选择简约设计的家居，往往是中小户型，户型面积有限。因此，选择家具时，最好选择多功能家具，实现一物两用，甚至多用。

预算估价

多功能家具的市场价格在2200~4200元/套。

2 直线条家具

简约风格在家具的选择上延续了空间的直线条，横平竖直的家具不会占用过多的空间面积，同时也十分实用。

预算估价

直线条家具的市场价格在1800~3400元/套。

3 简约风吸顶灯

吸顶灯在安装时底部完全贴在屋顶上，造型往往较为简洁，但形状却很多样。因此，既有装饰性，又不会显得过于烦琐。

预算估价

简约风吸顶灯的市场价格在900~1700元/个。

4 简约黑白装饰画

简约家居的配色简洁，装饰画也延续了这一风格。黑白装饰画虽然简单，却十分经典，非常适用于简约家居。选购时尽量选择单幅作品，一组之中最多不要超过三幅。

预算估价

简约黑白装饰画的市场价格在400~1200元/组。

TIPS:

选择实用又便宜的装饰品

简约家居风格的线条简单、装饰元素少，因此软装到位是简约风格家居装饰的关键。配饰选择应尽量简约，没有必要显得“阔绰”而放置一些较大体积的物品，尽量以实用方便为主；此外，简约家居中的陈列品设置应尽量突出个性和美感。

简约风格的墙面设计预算

1 单一色调的墙面设计

单一色调顾名思义是指一种色彩。简约风格常常会选用一种颜色来作为空间的主色调，并且大面积地使用，这样的色彩设计符合简约风格追求以简胜繁的风格理念。

预算估价

单一色调设计的墙面市场价格在55~60元/m^2。

2 浅冷色的墙面设计

冷色系包括蓝绿色、蓝青色、蓝色、蓝紫色等，一般会给人带来清爽的感觉，在简约风格中运用较多，使人有耳目一新的视觉感受，也令空间显得整洁、干净。

预算估价

浅冷色设计的墙面市场价格在60~65元/m^2。

3 高纯度色彩的墙面设计

高纯度色彩是指在基础色中不加入或少加入中性色而得出的色彩。纯度越高，居室越明亮。

预算估价

高纯度色彩设计的墙面市场价格在45~55元/m^2。

4 白色与其他色彩搭配的墙面设计

在简约风格的居室中，常会用白色搭配其他颜色，如白色+黑色、白色+木色、白色+灰色等，也会出现白色+黑色+红色等三色搭配。

预算估价

白色与其他色彩搭配设计的墙面市场价格在70~80元/m^2。

5 大面积色块的墙面设计

简约风格划分空间不一定局限于硬质墙体，还可以通过大面积色块进行划分，这样的划分具有很好的兼容性、流动性及灵活性；另外，大面积色块也可以用于墙面、软装等地方。

预算估价

大面积色块设计的墙面市场价格在75~90元/m^2。

混搭风格 多样的设计手法估计预算总额

（1）混搭风格的造型没有一定的规律，选择的设计材质也多种多样，因此装修造价一般保持在20万~30万元。

（2）混搭风格的建材选择范围比较广泛，并不局限于某一种风格的建材，因此建材的预算一般较高。

（3）混搭风格的家具强调对比性，如中式家具与欧式家具的对比、美式风格与东南亚风格的对比等。因此，家具多是混合，这样也就给家具的预算提供了一个可伸缩的范围。

（4）混搭风格的装饰品可选择造型简单却有强烈对比色彩的材质，这样也可以节省预算支出。

掌握混搭风格要素，节省预算开支

混搭风格糅合东西方美学精华元素，将古今文化内涵完美地结合于一体，充分利用空间形式与材料，创造出个性化的家居环境。但混搭并不是简单地把各种风格的元素放在一起做加法，而是把它们有主有次地组合在一起。混搭是否成功，关键看是否和谐。因此，在混搭风格的一些设计与家具采购中，并不是要在大件家具上多花钱，而是可以选择小件的、有品质的装饰品提升空间的品位，以节省总的预算支出。

▲空间内的吊顶及墙面设计比较简单，主要的预算项目表现在实木的沙发组合上，以及造型别致的吊顶

混搭风格的建材预算

1 冷材质搭配暖材质建材

冷材质与暖材质的搭配使用，可以令空间呈现出强烈的视觉冲击力，充分吻合了混搭风格别出心裁的设计观念。

预算估价

冷材质搭配暖材质的预算随着不同建材的选购，其价格也有区别。

2 中式仿古墙

可以在现代风格的家居中设计一面中式仿古墙，既区别于新中式风格，又可以令混搭的家居独具韵味。

预算估价

中式仿古墙的施工价格在90~145元/m^2。

3 石膏雕花

直线条的流畅感搭配雕花工艺的繁复，可以令混搭风格的家居变得丰富多彩。例如，选择石膏雕花搭配中式实木线条的吊顶设计，丰富吊顶的材质变化，提升混搭风格的韵味。

预算估价

石膏雕花的市场价格在150~270元/个。

4 深色实木线条

深色类型的实木线条可以设计在混搭风格的吊顶中，以搭配吊顶的造型；可以设计在墙面上，搭配欧式纹路的大花壁纸。这样设计出来的混搭风格空间，具有沉稳的古朴质感。

预算估价

深色实木线条的市场价格在10~15元/m。

TIPS:

掌握多元化的建材搭配

在混搭风格的家居中，建材的选择十分多元化，能够中和木头、玻璃、石头、钢铁的硬，调配丝绸、棉花、羊毛、混纺的软，将这些透明的、不透明的，亲和的、冰冷的等不同属性的东西层理分明地摆放和谐，就可以营造出与众不同的混搭风格的家居环境。

混搭风格的家具预算

1 形态相似的家具

形态相似，但颜色不同的家具，可以丰富空间层次，避免形成单调的家居环境，令混搭风格的家居更具装饰性。

预算估价

形态相似的单件家具的市场价格在600~2000元/个。

2 现代家具搭配中式古典家具

混搭风格的家居中，现代家具与中式古典家具相结合的手法十分常见。但中式家具不宜过多，否则会令居室显得杂乱无章。

预算估价

现代家具搭配中式古典家具的市场价格在4000~6500元/套。

3 美式家具搭配工业风家具

通常是采用美式风的三人座沙发，搭配工业风设计的单人座椅。这种组合的混搭风设计，可以带给人舒适的坐卧感受。

预算估价

美式家具搭配工业风家具的市场价格在3600~4800元/套。

4 欧式茶几搭配现代皮革沙发

这种混搭的沙发组合搭配的关键在于，欧式茶几的色调需要和皮革沙发的色调保持一致，并且欧式茶几不可太大，不然会抢占现代皮革沙发的摆放面积，并且从茶几上拿东西也不方便。

预算估价

欧式茶几搭配现代皮革沙发的市场价格在2900~4200元/套。

TIPS: 利用家具搭配节省预算

混搭风格家居中的家具一般会呈现出多样化的特征，经常会用不同风格的家具进行搭配，如中式家具和欧式家具相搭配，或者现代风格的家具搭配中式风格或欧式风格的家具。另外，混搭风格的客厅中还会摆放形态相似，但颜色不同的家具。利用混搭风格家具的这一特性，就可将不同价格的家具任意地组合，以满足业主不同预算支出的需求。

混搭风格的装饰品预算

1 搭配中式家具的现代装饰画

混搭风格的家居中先摆放上典雅的中式家具，然后在其墙面或者家具上或挂或摆上现代装饰画，这样的装饰手段非常讨巧。其中，现代装饰画的边框最好以木框为主。

预算估价

木框结构的现代装饰画的市场价格在300~750元/组。

2 现代灯具搭配中式元素

选择一盏具有现代特色的灯具来定义居室的前卫与时尚，之后在居室内加入一些中式元素，如中式木挂、中式雕花家具等。

预算估价

现代风格灯具的市场价格在900~2100元/个。

3 现代与中式混搭装饰品

现代装饰品的时尚感与中式装饰品的古典美，可以令混搭风格的居室格调独具品位。

预算估价

现代与中式混搭装饰品的市场价格在80~300元/个。

4 民族工艺品搭配现代工艺品

民族工艺品一般设计手法独具特色，具有很强的装饰性，搭配使用现代工艺品，主次分明，令混搭风格的家居不显杂乱。

预算估价

民族工艺品搭配现代工艺品的市场价格在180~500元/个。

5 中式工艺品搭配欧式工艺品

中式工艺品与欧式工艺品的装饰特征均十分明显，可以令混搭风格的家居显得艺术感十足，且增强层次感。

预算估价

中式工艺品搭配欧式工艺品的市场价格在480~750元/套。

TIPS:

选择与空间主风格相对的装饰品

混搭风格家居中的装饰品选择与家具的搭配类似，只需将不同风格的装饰品进行合理混搭即可。例如，家中以欧式风格为主，那么将带有中式风格的元素点缀其中，会为整个房间增色不少；或者在现代风格为主的空间中，搭配装饰中式或欧式风格的工艺品。

中式风格 繁多的实木造型是预算重点

预算要点

（1）中式风格会运用到大量的实木材质，不论是墙面的实木造型，还是实木的家具，因此装修造价一般保持在30万~35万元。

（2）中式风格建材多把在木材、青砖、壁纸等，设计或雕刻成中式的造型。因此，这类建材的预算价格普遍偏高。

（3）中式风格的家具通常采用大量的实木结构，搭配布艺的柔软坐垫，尤其像实木榻与中式架子床等，市场价格较高。

（4）中式风格的装饰品精致而且昂贵，选购时可采用少而精的方式，在室内的关键位置摆放。

掌握中式风格要素，节省预算开支

中式古典风格是以宫廷建筑为代表的中国古典建筑的室内装饰设计艺术风格，是在室内布置、线形、色调及家具、陈设的造型等方面，吸取传统装饰“形”“神”的特征。其布局设计严格遵循均衡对称原则，家具的选用与摆放是其中最主要的内容。掌握了中式风格的设计原则，便可在材料采购中，选择最适合空间设计的，而不是价格高昂的，从而减少预算的总支出。

▲空间内中式屏风、中式茶几等使空间内的中式风格更加浓郁，并且这两项材料的价格也比较高

中式风格的建材预算

1 木材

木材可以充分发挥其物理性能，创造出独特的木结构，体现传统中式的建筑美；同时，木材还适用于墙面、地面和家具中。

预算估价

木材分为实木线条、饰面板、实木护墙板等，因此预算的价格差别较大，应根据实际情况进行预估。

2 中式青砖

中式青砖给人以素雅、沉稳、古朴、宁静的美感，艺术形态以中国传统典故为主，因此在中式古典家居中被经常用到。

预算估价

中式青砖的市场价格在1~2元/块。

3 花鸟鱼草壁纸

具有传统意韵的花鸟鱼草图案所具有的生动形态，可以丰富空间的视觉层次。因此，被广泛地运用在墙面壁纸的设计中，用以搭配墙面的实木造型。

预算估价

花鸟鱼草壁纸的市场价格在200~260元/卷。

4 镂空类造型

镂空类造型如窗棂、花格等是中式古典风格的灵魂，常用的有回字纹、冰裂纹、卍字纹等，其独具的丰富层次感，能立刻为居室增添古典韵味。

预算估价

镂空类造型如实木雕花格的定做价格在450~670元/m^2。

5 实木垭口

实木垭口为不安装门的门口，简单地说就是没有门的框，是一种空间分割的方式。在中式古典风格的家居中，设计一个富有中国特色的垭口，可以提升空间的整体格调。

预算估价

实木垭口的定做价格在160~280元/m。

中式风格的家具预算

1 明清家具

明清家具既具有深厚的历史文化艺术底蕴，又具有典雅、实用的功能。在中式古典风格中，明清家具是一定要出现的元素。

预算估价

明清家具的市场价格在4600~7800元/套。

2 条案类家具

条案类家具形式多种多样，基本可分为高几和矮几。另外，案类家具造型古朴方正，可以令居室体现出高洁、典雅的意蕴。

预算估价

条案类家具的市场价格在900~2100元/个。

3 实木榻

实木榻是中国古时家具的一种，狭长而较矮，比较轻便，可坐可卧，是古时常见的木质家具，材质多种。

预算估价

实木榻的市场价格在3000~10000元/个。

4 博古架

博古架或倚墙而立、装点居室，或隔断空间、充当屏障，还可以陈设各种古玩器物，点缀空间美化居室。

预算估价

博古架的市场价格在1500~3400元/组。

5 中式架子床

中式架子床为汉族卧具，结构精巧、装饰华美，多以民间传说、花马山水等为题材，含和谐、平安、吉祥、多福等寓意。

预算估价

中式架子床的市场价格在3800~5600元/个。

6 太师椅

太师椅是古家具中唯一用官职来命名的椅子，最能体现清代家具的造型特点，用料厚重、宽大夸张、装饰繁缛。

预算估价

太师椅的市场价格在1900~2800元/个。

中式风格的装饰品预算

1 宫灯

宫灯是汉民族传统手工艺品之一，充满宫廷的气派，可以令中式古典风格的家居显得雍容华贵。

预算估价

宫灯的市场价格在600~1200元/个。

2 中式屏风

中式屏风为汉族传统家具，适合摆放在空间较大的客厅，一般陈设于室内的显著位置，起到分隔、美化、挡风、协调等作用。

预算估价

中式屏风的市场价格在1100~1900元/组。

3 木雕花壁挂

木雕花壁挂具有文化韵味和独特风格，可以体现出中国传统家居文化的独特魅力，可以作为装饰画的形式来运用。

预算估价

木雕花壁挂的市场价格在400~800元/个。

4 挂落

挂落是中国传统建筑中额枋下的一种构件，可以使室内空阔的部分产生变化，出现层次，具有很强的装饰效果。

预算估价

挂落的市场价格在160~300元/个。

5 雀替

雀替是中国建筑中的特殊物件，是安置于梁或阑额与柱交接处，承托梁枋的木构件，可增加梁头抗剪能力或减少梁枋间的跨距。

预算估价

雀替的市场价格在90~160元/个。

6 文房四宝

中国汉族传统文化中的文书工具，即笔、墨、纸、砚。既具有实用功能，又能令居室充分彰显出中式古典风情。

预算估价

文房四宝的市场价格在70~350元/套。

新中式风格

预算中更突出设计的时尚元素

预算要点

（1）新中式风格强调中式元素与现代先进工艺的结合，无论设计还是选材都具备创意，因此装修造价一般保持在25万~40万元。

（2）新中式风格装修出来空间，既时尚又具有文化品位，适合需求高档装修的业主群体。

（3）新中式风格多将实木或具有真实纹理的木饰面运用到空间的设计中，因此预算中应多预算出木作工程的价格。

（4）新中式风格的家具在市场中的普遍性不高，因此价格往往较高。

（5）新中式的软装饰品往往极具创意，单价也较高。预算中应预留出后期装饰的投资。

在预算中多投入实木材料的资金

新中式风格的主材往往取材于自然，如用来代替木材的装饰面板、石材等，尤其是装饰面板，最能够表现出浑厚的韵味。因此，在前期的预算规划中，应多预留出实木等材料的预算支出。但也不必拘泥，只要熟知材料的特点，就能够在适当的地方用适当的材料，即使是玻璃、金属等，一样可以展现新中式风格。

▲从吊顶设计的墙面的大理石搭配实木雕花格，都彰显了新中式空间的奢华气质

新中式风格的建材预算

1 实木材料

新中式风格的实木运用不像中式风格一样，强调大面积地设计与使用，而是利用实木本身的纹理与现代先进工艺材料结合的方式，设计在空间的墙面及顶面造型中。如回字形吊顶一圈细长的实木线条，或是电视机背景墙用实木线条勾勒出中式花窗造型等。

预算估价

实木线条的市场价格在40~80元/m；而实木造型花格的定制价格在350~650元/m²。

2 新中式风格壁纸

在壁纸的挑选中，多选择带花鸟纹理的、新中式风格浓郁的壁纸；然后搭配低纯度素色壁纸。在空间的设计中，选择大面积地粘贴低纯度素色壁纸，而小面积地粘贴花鸟纹理新中式壁纸，设计效果更佳。

预算估价

新中式壁纸的市场价格在180~350元/卷；素色壁纸的市场价格在140~260元/卷。

3 天然石材

选择纹理丰富且具有独特性的天然石材，或是满铺客厅地面，或是搭配实木线条设计在电视机背景墙，使天然石材的质感充分地发挥出来，提升新中式风格的时尚感。

预算估价

具有极佳纹理的天然石材市场价格在360~680元/m²。

4 青砖

在墙面的造型中，会运用到青砖的粗犷质感，成一定规律地排列在墙面上，周围用不锈钢包边或者实木线条包边，青砖则多保留在原始的表面，不用乳胶漆涂刷。

预算估价

青砖的市场价格一般在35~50元/m²。

5 金色不锈钢

新中式风格除去大量的运用实木线条外，常使用金色的不锈钢设计墙面造型。如在墙面粘贴的石材四周包裹金色的不锈钢，使不锈钢与石材的硬朗质感良好地融合在一起。

预算估价

不锈钢的颜色有多种选择，市场价格在18~30元/m。

新中式风格的家具预算

1 线条简练的新中式沙发组合

新中式的家居风格中，庄重繁复的明清家具的使用率减少，取而代之的是结合现代制作工艺的、线条简单的新中式沙发组合，体现了新中式风格既遵循着传统美感，又加入了现代生活简洁的理念。

预算估价

新中式沙发组合的市场价格在5800~12000元/套。

2 造型简洁的太师椅

太师椅是传统的中式古典家具，但通过现代工艺手法设计的太师椅抛弃了中式古典的繁杂装饰造型，并且在设计上更符合人体工程学，具有优美的弧线外形。摆放在新中式风格的空间内，既可作为坐卧使用，又是空间独一无二的装饰。

预算估价

造型简洁的太师椅的市场价格在800~2000元/件。

3 现代工艺博古架

博古架的设计突破了传统的全实木结构，在其中加入黑镜、银镜及不锈钢收边条等元素，使具有传统文化的博古架更具现代时尚感，同时也不失原本的中式风质感。

预算估价

现代工艺博古架的市场价格在1300~3500元/件。

4 无雕花架子床

大多是黑色系的无雕花的架子床，在床的四周挂有白色透明纱帘。这类架子床继承了传统中式架子床的框架结构，但在设计形式上结合了现代风的审美视角。

预算估价

无雕花架子床的市场价格在5800~9600元/个。

5 新中式实木餐桌

不同于以往的实木餐桌采用全实木的结构，而是在桌面运用通透的钢化玻璃，四周用实木包裹，餐桌腿造型简洁且具有厚重感。这类实木餐桌突破传统中式餐桌的繁复造型，以简洁的直线条取胜。

预算估价

新中式实木餐桌的市场价格在3700~6500元/个。

新中式风格的装饰品预算

1 中式仿古灯

中式仿古灯与精雕细琢的中式古典灯具相比，更强调古典和传统文化神韵的再现，图案多为清明上河图、如意图、龙凤图、京剧脸谱等中式元素，其装饰多以镂空或雕刻的木材为主，宁静而古朴。

预算估价

中式仿古灯的市场价格在800~2000元/个。

2 青花瓷

青花瓷是中国瓷器的主流品种之一，在明代时期就已成为瓷器的主流。在中式风格的家居中，摆上几件青花装饰品，可以令家居环境韵味十足，也将中国文化的精髓满溢于整个居室空间。

预算估价

青花瓷的市场价格在600~1700元/个。

3 茶具

在中国古代的史料中，就有茶的记载，而饮茶也成为中国人喜爱的一种生活方式。在新中式家居中摆放上一套茶具，可以传递雅致的生活态度。

预算估价

茶具的市场价格在200~800元/套。

4 花鸟图装饰画

花鸟图装饰画不仅可以将中式的感觉展现得淋漓尽致，也因其丰富的色彩，而令新中式家居空间变得异常美丽。

预算估价

花鸟图装饰画的市场价格在260~750元/幅。

TIPS:

花鸟图装饰画代替墙面造型

在设计新中式风格的空间时，可先选购大幅的花鸟图装饰画，并在设计中将装饰画融入到墙面的造型设计中。而大幅的花鸟图装饰画因占据着较大的墙面面积，所以在设计中就可以相应地减少墙面的实木或大理石造型，从而实现节省预算支出的目的。同样的办法还可运用到餐厅主题墙的设计、卧室床头背景墙的设计等地方，既节省了装修的预算，又保证了新中式风格的设计效果。

新中式风格的布艺织物预算

1 中式风纹理窗帘

在新中式风格的窗帘选择中，为搭配空间内时尚的墙面造型，窗帘的样式会选择带有中式风纹理的窗帘。但窗帘的主色以沉稳的素色系为主，这样窗帘样式在体现新中式主题的同时，不会带给空间混乱的感觉。

预算估价

中式风纹理窗帘的市场价格在40~80元/m。

2 竹木纹理地毯

地毯上的编织纹理一般成竹木的样式，颜色或者艳丽，或者深沉，铺设在客厅沙发的下面增添空间设计中的中式风元素。

预算估价

竹木纹理地毯的市场价格在750~1100元/块。

3 金红色床上用品

床上用品的设计中会运用到花鸟及一些有文化气息的中式图案，并配以金红两色对比的色彩，使床上用品充满浓浓的新中式风味道。

预算估价

金红色床上用品的市场价格在400~900元/套。

4 中式风纹理桌布

桌布一般铺设到餐桌、书桌及一些矮柜的上面，用以遮挡灰尘，便于清洁。而带有中式风纹理的桌布除去防尘、防污的功能性之外，其精美的纹理也为空间提供了装饰效果。

预算估价

中式风纹理桌布的市场价格在80~230元/块。

5 山水纹理壁挂织物

壁挂织物作为空间的装饰品之一，其具有柔软的视觉感受，而山水纹理的壁挂织物更是能传达出中式风的文化气息。将山水纹壁挂织物悬挂在墙面，可增添新中式风格的时尚感。

预算估价

山水纹理壁挂织物的市场价格在600~1100元/块。

欧式风格 大量的预算支出彰显贵族气息

预算要点

（1）欧式风格的吊顶、墙面造型都会采用叠级的复杂设计。因此装修造价一般保持在25万~35万元。

（2）欧式风格的许多建材都需要定制，因此预算价格普遍较高。

（3）欧式风格的家具体形硕大、造型精美，适合摆放在较大的空间，相对地，欧式家具的价格也普遍较高。

（4）欧式风格的装饰品设计精致，装饰效果突出。通常在一个空间内摆放一个大件装饰品就够了，这样也可以节省预算支出。

掌握欧式风格要素，节省预算开支

欧式古典风格追求华丽、高雅，典雅中透着高贵，深沉里显露豪华，具有较深的文化底蕴和历史内涵。另外，欧洲古典风格在经历了古希腊、古罗马的洗礼之后，形成了以柱式、拱券、山花、雕塑为主要构件的石构造装饰风格。空间上追求连续性，追求形体的变化和层次感。因此，欧式风格的预算中多会出现罗马柱、欧式雕花等元素，像这类装饰效果突出、造价高昂的材料可少量地设计，然后采用欧式壁纸的形式搭配空间的效果，可节省欧式风的预算支出。

▲古典的欧式实木家具及大理石制作的壁炉，共同凸显了欧式空间的奢华气息

欧式风格的建材预算

1 藻井式吊顶材料

欧式古典风格的空间面积往往较大，因此适合做顶面造型。稳重、厚实的藻井式吊顶十分适宜，既可以体现欧式古典风格的大气感，又能丰富顶面的视觉层次。

预算估价

藻井式吊顶的材料加人工价格在155~170元/m²。

2 拱形门窗

欧式古典风格摒弃生硬的线条，会在门窗等处大量运用拱形，体现出圆润的空间感。这类建材通常需要根据具体的设计尺寸定制，彰显出欧式风格的奢华气息。

预算估价

拱形门窗的定制价格在2600~3800元/套。

3 花纹石膏线

欧式古典风格追求细节处的精致，因此在吊灯处往往会设计花纹石膏线，既美化了空间，又体现出欧式古典风格对设计的精益求精。

预算估价

花纹石膏线的市场价格在15~25元/m。

4 欧式门套

欧式门套作为门套风格的一种，是欧式古典风格的家中经常用到的元素。因为欧式古典风格本身就是奢华与大气的代表，只有精工细做的欧式门套才能彰显出这份气质。

预算估价

欧式门套的定制价格在180~270元/m。

5 石材拼花

石材拼花以颜色、纹理、材质，加上人们的艺术构想，可以“拼”出精美的图案，体现欧式古典风格的雍容与大气。

预算估价

石材拼花的定制价格在470~650元/m²。

6 实木护墙板

实木护墙板又称墙裙、壁板，一般以木材等为基材，具有防火、施工简便、装饰效果明显等优点，广泛应用于欧式古典风格的家居中。

预算估价

实木护墙板的定制价格在680~950元/m²。

7 欧式花纹壁纸

欧式花纹壁纸一般以华丽的曲线为主，尽量避免了直角、直线和阴影，看上去非常有质感，形成了特有的豪华、富丽风格。

预算估价

欧式花纹壁纸的定制价格在220~350元/卷。

8 软包

软包是指一种在室内墙表面用柔性材料加以包装的墙面装饰方法，所使用材料质地柔软、色彩柔和，可以柔化空间氛围。

预算估价

软包材料的定制价格在250~360元/m²。

9 天鹅绒

天鹅绒的制造工艺极其复杂精细，以紫红色、墨绿色、蟹青色、古铜色为多，具有华美的气质，非常符合欧式古典风格的格调。

预算估价

天鹅绒的定制价格在38~120元/m²。

TIPS:

掌握建材设计要点，确定省钱方向

欧式古典风格对建材的要求较高。例如门的造型设计，包括房间的门和各种柜门，既要突出凹凸感，又要有优美的弧线，因此预算价格往往较高；如柱的设计也很有讲究，可以设计成典型的罗马柱造型，使整体空间更具有强烈的西方传统审美气息。这两种建材的设计都需要定制，因此只要减少空间内定制的建材，就可以实现减少预算支出的目的。

欧式风格的家具预算

1 色彩鲜艳的沙发

由于欧式古典风格追求华丽的色彩，因此在沙发的选择上，也遵循了这一特征，色彩鲜艳的沙发可以提升空间的美观度。

预算估价

色彩鲜艳的沙发的市场价格在2600~3900元/套。

2 兽腿家具

兽腿家具具有繁复流畅的雕花，可以增强家具的流动感，也可以令家居环境更具质感，表达出对古典艺术美的崇拜与尊敬。

预算估价

兽腿家具的市场价格在3800~5400元/套。

3 贵妃沙发床

贵妃沙发床有着优美玲珑的曲线，沙发靠背弯曲，靠背和扶手浑然一体，可以传达出奢美、华贵的宫廷气息。

预算估价

贵妃沙发床的市场价格在1600~2500元/张。

4 欧式四柱床

四柱床起源于古代欧洲贵族，后来逐步演变成利用柱子的材质和工艺来展示主人的财富，在古典欧式风格中运用广泛。

预算估价

欧式四柱床的市场价格在3600~4950元/张。

5 床尾凳

床尾凳并非是卧室中不可缺少的家具，但却是欧式古典家居中很有代表性的设计，具有较强的装饰性和少量的实用性。

预算估价

床尾凳的市场价格在800~1300元/个。

欧式风格的装饰品预算

1 水晶吊灯

灯饰设计应选择具有西式风情的造型，如水晶吊灯，这种吊灯给人以奢华、高贵的感觉，很好地传承了西方文化的底蕴。

预算估价

水晶吊灯的市场价格在2400~4300元/个。

2 壁炉

壁炉是西方文化的典型载体，可以设计真的壁炉，也可以设计壁炉造型，辅以灯光，营造出极具西方情调的生活空间。

预算估价

壁炉的市场价格在1500~3200元/个。

3 西洋画

在欧式古典风格的家居空间里，可以选择用西洋画来装点空间，以营造浓厚的艺术氛围，表现主人的文化涵养。

预算估价

西洋画的市场价格在180~650元/幅。

4 雕像

欧洲雕像有很多著名的作品，将仿制雕像作品运用于欧式古典风格的家居中，可以体现出一种文化与传承。

预算估价

雕像的市场价格在300~600元/个。

5 欧式红酒架

欧式红酒架的造型精美，极具装饰效果，用于欧式古典风格的家居中，既可以作为点缀，又能体现出主人的品位。

预算估价

欧式红酒架的市场价格在50~150元/个。

美式乡村风格

做旧的设计令预算项目更好选择

预算要点

（1）美式乡村风格在采用欧式家具的情况下，进行了做旧设计处理，使家具装饰更显厚重。因此装修造价一般保持在20万~30万元。

（2）美式乡村风格装修出来的空间充满质朴感，容易带给人温馨感，适合需求中高档装修的业主群体。

（3）美式乡村风格多采用做旧的实木梁柱搭配实木纹理墙裙，墙面则多采用暖色系的乳胶漆或壁纸。因此，在预算中应多投入木作方面的预算。

（4）美式乡村风格的家具多是实木结合皮革的设计，耐用且充满厚重感，市场价格相对较高。

预算中多是墙面的弧度造型

美式乡村风格的居室一般要尽量避免出现直线，经常会采用像地中海风格中常用的拱形垭口，其门、窗也都圆润可爱，这样的造型可以营造出美式乡村风格的舒适和惬意感觉。因此，在预算中多是弧形设计的造价。另外，白头鹰是美国的国鸟，代表勇猛、力量和胜利。在美式乡村风格的家居中，这一象征爱国主义的图案也被广泛地运用，在后期装饰品预算中，可多购买如鹰形工艺品，或带有类似图案的布艺织物等。

▲吊顶上面实木梁柱的设计，体现了美式风格的自然气息。预算造价也相对较高

美式乡村风格的建材预算

1 自然裁切的石材

自然裁切的石材符合乡村风格选择天然材料的要点，自然裁切又能体现出美式乡村风格追求自由、原始的特征。

预算估价

自然裁切的石材的市场价格在280~560元/m²。

2 红色砖墙

红色砖墙在形式上古朴自然，与美式乡村风格追求的理念相一致，独特的造型也可为室内增加一抹亮色。

预算估价

红色砖墙在装修施工中的价格在90~140元/m²。

3 硅藻泥墙面

美式乡村风格的居室内用硅藻泥涂刷墙面，既环保，又能为居室创造出古朴的氛围。常搭配实木造型涂刷在沙发背景墙或电视机背景墙，结合客厅内的做旧家具，形成美式乡村风格的质朴氛围。

预算估价

硅藻泥根据纹理可有多种选择，其市场价格在80~210元/m²。

4 做旧圆柱造型

常搭配弧形造型出现。做旧圆柱仿罗马柱的形式托着上面的弧拱设计成垭口，或是紧靠墙面搭配质感古朴的硅藻泥形成墙面造型。做旧圆柱材质不受限制。可以是木材制成的，也可以是大理石制成的。

预算估价

做旧圆柱一般需要定制，其市场定制价格在3000~6800元/个。

5 仿古地砖

仿古地砖是与美式乡村风格最为搭配的材料之一，其本身的凹凸质感及多样化的纹理选择，可使铺设防古地砖的空间充满质朴和粗犷的味道，且仿古地砖也较容易与美式乡村风格的家具及装饰品搭配。

预算估价

仿古地砖的市场价格在160~320元/m²。

美式乡村风格的家具预算

1 做旧处理的实木沙发

美式乡村风格的实木沙发体型庞大，具有较高的实用性。实木靠背常雕刻复杂的花纹造型，然后有意地给实木的漆面做旧，产生古朴的质感。

预算估价

美式乡村风的实木沙发市场价格在7500~14000元/套。

2 原木色五斗柜

五斗柜的造型上多雕刻有复杂的花式纹路，然后喷涂木器漆，使五斗柜保持原木的颜色与纹理。五斗柜可以摆放在餐厅做餐边柜使用，也可以摆放在卧室做简易的化妆台等。在五斗柜的上面摆放美式乡村的工艺品，可令空间更具氛围。

预算估价

原木色五斗柜的市场价格在1800~2500元/个。

3 深色实木双人床

全实木结构双人床配以高挑的床头，然后床头雕刻有花纹造型；实木双人床的四脚较高，且同样有雕刻造型。这类深色实木双人床，是典型的美式乡村风格家具。

预算估价

深色实木双人床的市场价格在6200~8400元/套。

TIPS:

选择质地醇厚的美式家具

美式乡村风格的家具主要以殖民时期为代表，体积庞大，质地厚重，坐垫也较大，彻底将以前欧洲皇室贵族的极品家具平民化，气派而且实用。主要使用可就地取材的松木、枫木，不用雕饰，仍保留木材原始的纹理和质感，还刻意添上仿古的瘢痕和虫蛀的痕迹，创造出一种古朴的质感，展现原始粗犷的美式风格。在选购中，应选择制作纯正的美式家具，其良好的使用寿命也节省了预算的投入。

美式乡村风格的装饰品预算

1 自然风光的油画

大幅自然风光的油画其色彩的明暗对比可以产生空间感，适合美式乡村家居追求阔达空间的需求。

预算估价

自然风光油画的市场价格在450~760元/幅。

2 绿叶盆栽

美式乡村风格非常重视生活的自然舒适性，突出格调清婉惬意，外观雅致休闲。其中各种繁复的绿叶盆栽是美式乡村风格中非常重要的装饰运用元素。

预算估价

绿叶盆栽的市场价格在80~120元/个。

3 金属工艺品

金属工艺品的样式包括羚羊金属造型、雄鹰金属造型和建筑金属造型等。这类工艺品或者是银白色，或者是黑漆色等。结合空间内的实木家具，古朴质感十足。

预算估价

金属工艺品的市场价格在150~200元/个。

4 做旧铁艺石英钟

做旧的铁艺石英钟的颜色总是偏近古铜色，给人以悠久历史的感觉。可以贴紧墙面悬挂，也可以与墙面垂直，探出来悬挂。结合空间内的美式风格，充满古朴质感。

预算估价

做旧铁艺石英钟的市场价格在160~350元/个。

5 旧木框照片墙

做旧的照片木框通常以组合的形式出现，几个长短尺寸不同的照片框组合成一组照片墙。悬挂在美式乡村风格的空间，形成空间的装饰亮点。

预算估价

旧木框照片墙的市场价格在160~200元/组。

美式乡村风格的布艺织物预算

1 大花纹布艺窗帘

一般是卧室选择纹理样式丰富的、色调沉稳的大花纹布艺窗帘。这类窗帘紧密地贴合美式乡村的空间设计，与空间内的家具、装饰品融为一体。

预算估价

大花纹布艺窗帘的市场价格在80~110元/m。

2 美式挂毯

典型的美式挂毯色彩丰富、纹路多样，拥有丰富的选择，但在材质的变化上较少，基本以羊毛为主。悬挂在客厅可以彰显出空间的文化品位，提升设计的丰富度。

预算估价

美式挂毯的市场价格在600~800元/张。

3 碎花抱枕

美式乡村风格的沙发色彩并不丰富，喜欢选用纯色少纹理的布艺，这使搭配碎花抱枕避免了美式沙发的单调性，提升了客厅的色彩丰富度。

预算估价

碎花抱枕的市场价格在35~60元/个。

4 大花纹棉麻床品

床品在衬有一个时尚的纯色调外，在床品的大面蔓延出花瓣枝叶的纹理，成为卧室间的视觉亮点。在选择大花纹床品时，可搭配窗帘的选择，使卧室间的设计融为一体。

预算估价

大花纹棉麻床品的市场价格在300~550元/套。

TIPS:

选择纹理丰富的棉麻床品

卧室间营造美式乡村风的氛围，并不一定需要墙面或顶面复杂的造型来实现，墙面过多的造型总会花费更多的预算造价；而是选择纹理丰富、可以创造丰富视觉感受的大花纹床品，然后配以墙面壁纸或是硅藻泥等预算低廉的材料。这样可以极大地节省卧室间的预算支出，并且可将节省下来的预算，购买质量更好的床品，提升卧室间的环保系数。

田园风格 预算中多是碎花纹理设计

预算要点

（1）田园风格多采用原木材质，如含有实木方柱的吊顶、刷白漆的护墙板等。因此装修造价一般保持在18万~25万元。

（2）田园风格装修出来的空间具有清新自然、色彩淡雅舒适的特点，适合需求中高档装修的业主群体。

（3）田园风格的家具继承了欧式家具的设计传统，但却不像欧式家具一样硕大、笨重，因此其市场价格适合大部分的消费群体。

（4）田园风格的装饰品也具有浓厚的自然气息，如编织的藤木饰品、印有自然花纹的瓷器等。其市场价格相对较平均，有小巧便宜的饰品，也有精致、价格高昂的大件装饰。

掌握田园风格要素，节省预算开支

田园风格大约形成于17世纪末，主要是人们看腻了奢华风，转而向往清新的乡野风格，属于自然风格的一支。在室内环境中力求表现悠闲、舒畅、自然的田园生活情趣，巧于设置室内绿化，创造自然、简朴、高雅的氛围。因此，田园风格会运用到大量的原木材质与带有田园气息的壁纸。节省田园风格预算的办法就在这里，通过在墙面设计大量的花卉壁纸，以减少实木造型的面积。因为花卉壁纸的预算支出是远低于实木造型的，而且通过大量的墙面壁纸也可营造出浓郁的田园风气息。

▲大量的碎花纹理分布在壁纸上、床品上，使得空间散发出浓郁的自然气息

田园风格的建材预算

1 天然材质

木、藤、石材等这些未经加工或基本不加工就可直接使用的材料，其原始自然感可以体现出法式田园的清新淡雅。

预算估价

天然材质的市场价格在150~650元/m²。

2 花卉壁纸

法式田园风格中，材质方面喜欢运用花卉图案的壁纸，来诠释法式田园风格的特征，同时营造出一种浓郁的女性气息。

预算估价

花卉壁纸的市场价格在190~280元/卷。

3 雕花造型

在英式田园家居中虽然没有大范围华丽繁复的雕刻图案，但在其家具中，如床头、沙发椅腿、餐椅靠背等地方，总免不了适量浅浮雕的点缀，让人感觉到一种严谨细致的工艺精神。

预算估价

雕花造型设计在不同的造型上，市场价格也不同。

4 布艺壁纸

布艺壁纸是英式田园风格家居中的常用材料，不讲求“留白”，喜欢在墙面铺贴各种墙纸布艺，以求令空间显得更为丰满。

预算估价

布艺壁纸的市场价格在220~350元/卷。

5 田园风木材

英式田园的家居风格中，在木材的选择上多用胡桃木、橡木、樱桃木、榉木、桃花心木、楸木等木种，设计在电视机背景墙、床头背景墙等处。

预算估价

田园风木材设计在墙面的市场价格在180~270元/m²。

田园风格的家具预算

1 手工沙发

手工沙发在英式田园家居中占据着不可或缺的地位，大多是布面的，色彩秀丽、线条优美；其柔美是主流，但是很简洁。

预算估价

手工沙发的市场价格在1800~3200元/套。

2 胡桃木家具

胡桃木的弦切面为美丽的大抛物线花纹，表面光泽饱满，品质较高，符合中产阶级的审美要求，在英式田园家居中较常用到。

预算估价

胡桃木家具的市场价格在2200~5300元/套。

3 象牙白家具

象牙白可以给人带来纯净、典雅、高贵的感觉，也拥有着田园风光那种清新自然之感，因此很受法式田园风格爱好者的青睐。

预算估价

象牙白家具的市场价格在1800~4650元/套。

4 铁艺家具

铁艺家具以意大利文艺复兴时期的典雅铁艺家具风格为主流。其优美、简洁色造型，可以使整个家居环境更有艺术性。

预算估价

铁艺家具的市场价格在2300~6000元/套。

TIPS:

掌握选购技巧，做到不被骗

掌握田园风的家具的设计特点，可以在选购时增加辨识度，防止花了大价钱却买到了假货的情况。因此，有必要了解田园风家具的特点。一般来说，田园风格家具的尺寸比较纤巧，而且家具非常讲究曲线和弧度，极其注重脚部、纹饰等细节的精致设计。很多家具还会采用手绘装饰和洗白处理，尽显艺术感和怀旧情调。

田园风格的装饰品预算

1 田园灯

田园灯的材质既可以是布艺，也可以是琉璃玻璃，都可以很好地体现出法式风格唯美气息。

预算估价

田园灯的市场价格在800~2300元/个。

2 法式花器

法式田园风格中，材质方面喜欢运用花卉图案的壁纸，来诠释出法式田园风格的特征，同时营造出一种浓郁的女性气息。

预算估价

法式花器的市场价格在400~900元/个。

3 藤制收纳篮

藤制收纳篮所具有的自然气息，能够很好地展现田园风格的设计。同时其实用功能也十分优秀，适用于客厅或者餐厅空间。

预算估价

藤制收纳篮的市场价格在80~450元/个。

4 英伦风装饰品

英伦风的装饰品可以有很多的选择，可以将这些独具英式风情的装饰装点于家居环境中，为家中带来强烈的异域风情。

预算估价

英伦风装饰品的市场价格在120~870元/个。

5 盘状挂饰

挂盘形状以圆形为主，可以利用色彩多样、大小不一的形态，在墙面进行排列，使之形成空间的亮丽装饰。

预算估价

盘状挂饰的市场价格在210~530元/套。

地中海风格

蓝白调的墙漆运用节省预算

预算要点

（1）地中海风格多采用墙面的弧度造型，墙角处做圆润的弧度处理，配以同样工艺的顶面造型。因此装修造价一般在15~20万元。

（2）地中海风格装修出来的空间具有自由奔放、色彩多样明亮的特点，适合需求中高档装修的业主群体。

（3）地中海风格的家具不似古典欧式家具一般的笨重，而是占地面积小且坐卧感舒适，因此家具的预算相对较少。

（4）地中海风格的装饰品多以造型圆润、色彩丰富的陶瓷制品为主，预算支出较为正常。

（5）地中海风格的布艺织物多采用多色彩交错的条纹纹理，如经典蓝白条的布艺。预算中应多投入这一类的布艺织物。

预算中多是圆润的墙角造型

地中海风格是类海洋风格装修的典型代表，因富有浓郁的地中海人文风情和地域特征而得名。一般通过空间设计上连续的拱门、马蹄形窗等来体现空间的通透，用栈桥状露台和开放式房间功能分区体现开放性，通过一系列开放性和通透性的建筑装饰语言来表达地中海装修风格的自由精神内涵。因此，在地中海风格的装修预算中，多以带有圆润弧度的造型为主。

▲大量的浅米色乳胶漆，使得地中海风格得到明显地凸显。且乳胶漆的价格不高，可节省许多的预算

地中海风格的建材预算

1 蓝白色块马赛克

蓝白色块错落拼贴的马赛克常应用在砌筑的洗手台、客厅的电视机背景墙、厨房的弧形垭口等地方。装饰效果出色，是空间更具浓郁的地中海风格。

预算估价

蓝白色块马赛克的市场价格在300~360元/m²。

2 白灰泥墙

白灰泥墙在地中海装修风格中也是比较重要的装饰材质，不仅因为其白色的纯度色彩与地中海的气质相符，也因其自身所具备的凹凸不平的质感，令居室呈现出地中海建筑所独有的质感。

预算估价

白灰泥墙的市场价格在150~180元/m²。

3 海洋风壁纸

壁纸从色彩搭配上、从纹理样式上都遵循典型的地中海风格的装饰特点，形成海洋风壁纸。这类壁纸粘贴在墙面的效果十分出众，与空间内的家具、装饰品、布艺窗帘等更容易搭配。

预算估价

海洋风壁纸的市场价格在168~200元/卷。

4 花砖

花砖的尺寸有大有小，常规的尺寸以300mm×300mm、600mm×600mm等规格的较多。用在卫生间的地面，或马桶后面一竖面的墙，提升空间的装饰效果。

预算估价

花砖的市场价格在210~250元/m²。

5 边角圆润的实木

边角圆润类实木通常涂刷天蓝色的木器漆。设计中做旧处理客厅的顶面、餐厅的顶面等地方，以烘托地中海风格的自然气息。

预算估价

边角圆润的实木一般需要联系特定的厂家定制，因此价格不一。

地中海风格的家具预算

1 船型装饰柜

船型的装饰柜是最能体现出地中海风格家居的元素之一，其独特的造型既能为家中增加一份新意，也能令人体验到来自地中海的海洋风情。在家中摆放这样一个船型装饰柜，浓浓的地中海风情呼之欲出。

预算估价

船型装饰柜的市场价格在180~2400元/个。

2 条纹布艺沙发

沙发的体形不大，小客厅的空间也能轻松地摆下。沙发的布艺采用条纹的纹理，以色彩普遍及纯度较高的色彩为主，如蓝白条纹、天黄色条纹等。坐卧感舒适，与空间的设计也更好搭配。

预算估价

条纹布艺沙发的市场价格在3600~4200元/组。

3 白漆四柱床

双人床的通体刷透亮的白色木器漆，床的四角分别凸出四个造型圆润的圆柱，搭配条纹床品。这便是典型的地中海风格的双人床，这类双人床可以提升人们的睡眠质量。

预算估价

白漆四柱床的市场价格在2300~3100元/套。

TIPS:

做旧处理的地中海家具价钱更划算

地中海家具以古旧的色泽为主，一般多为土黄色、棕褐色、土红色。线条简单且浑圆，非常重视对木材的运用，为了延续古老的人文色彩，家具有时会直接保留木材的原色。地中海式风格家具另外一个明显的特征为家具上的擦漆做旧处理。这种处理方式除了让家具流露出古典家具才有的质感以外，还能展现出家具在地中海的碧海晴天之下被海风吹蚀的自然印迹。并且在做旧处理的地中海家具的价格方面，也比其他工艺的地中海家具更具性价比。

地中海风格的建材预算

1 地中海拱形窗

地中海风格中的拱形窗在色彩上一般运用其经典的蓝白色，并且镂空的铁艺拱形窗也能很好地呈现出地中海风情。

预算估价

地中海拱形窗的市场价格在800~1000元/个。

2 地中海吊扇灯

地中海吊扇灯是灯和吊扇的完美结合，既具灯的装饰性，又具风扇的实用性，可以将古典美和现代美完美体现。常用在餐厅与餐桌及座椅搭配使用，装饰效果十分出众。

预算估价

地中海吊扇灯的市场价格在1200~1500元/个。

3 铁艺装饰品

无论是铁艺烛台、铁艺花窗，还是铁艺花器等，都可以成为地中海风格家居中独特的风格装饰品。摆放在木制的地中海家具上，往往装饰效果更好。

预算估价

铁艺装饰品的市场价格在60~120元/个。

4 贝壳、海星等海洋装饰

贝壳、海星这类装饰元素在细节处为地中海风格的家居增加了活跃、灵动的气氛。如将海洋装饰错落地悬挂在白灰泥墙的表面、将大个的海洋装饰摆放在做旧处理的柜体上等。

预算估价

海洋装饰品的市场价格在40~60元/个。

5 船、船锚等装饰

将船、船锚这类小装饰摆放在家居中的角落、靠在电视机背景墙的电视柜上、书房间的船型书柜上，尽显新意的同时，也能将地中海风情渲染得淋漓尽致。

预算估价

船、船锚等装饰的市场价格在150~300元/个。

地中海风格的布艺织物预算

1 蓝白条纹座椅套

一般套在木制的座椅上，或是整铺在桌面上以方便空间的卫生清洁，保护家具的使用寿命。蓝白条纹座椅套的经典纹理可以与地中海风格完美地融为一体，使空间增添浓郁的海洋风气息。

预算估价

蓝白条纹座椅套的市场价格在100~200元/套。

2 海洋风窗帘

窗帘的色彩更加的明快，通常以使人看起来舒适的天蓝色为主，而窗帘的纹理相对并不明显，以简洁的窗帘样式烘托空间内的家具、墙面的造型与装饰品等。

预算估价

海洋风窗帘的市场价格在85~130元/米。

3 清新的丝绸床品

地中海风格的主要特点是带给人轻松的、自然的居室氛围，因此床品的材质通常采用丝绸制品，并搭配轻快的地中海经典色。使卧室看起来有一股清凉的气息，似迎面扑来徐缓的、微凉的海风。

预算估价

丝绸床品的市场价格在1100~3500元/套。

4 色彩鲜艳的抱枕

地中海风格的抱枕总是带有清新的色彩组合，又与沙发的布艺有明显的区别，使人观看时总是将视角集中在极具特色的抱枕上。而色彩鲜艳的抱枕本身就成了空间内的独特装饰品。

预算估价

抱枕的市场价格在55~80元/个。

TIPS:

色彩与布艺的结合提供多样的预算选择

地中海风格对家居的最大魅力，主要来自其纯美的色彩组合与布艺织物的搭配。而多样化的搭配，提供了多样化的预算选择。如西班牙蔚蓝色的海岸与白色沙滩，希腊的白色村庄在碧海蓝天下简直是如梦如幻，意大利的向日葵花田流淌在阳光下的金黄，北非特有沙漠及岩石等自然景观的红褐色、土黄色的浓厚色彩组合，都令地中海风格的布艺织物呈现出多彩的容颜。

东南亚风格

异域风情突出预算的难点

预算要点

（1）东南亚风格以其来自热带雨林的自然之美、浓郁的民族特色风靡世界，因此装修造价一般保持在25万~40万元。

（2）东南亚风格装修出来的空间具有色彩艳丽、材料取材自然的特点，适合需求高档装修的业主群体。

（3）东南亚风格的家具多以原藤原木材料为主，体形较大且附有异域风情，一般在市场中的价格较高。

（4）东南亚风格的装饰品通常以具有地方特色的石材、木材为主，体形较大，预算支出较高。

预算中多是取材自然的原木材料

东南亚风格最明显的特色就是取材自然别开生面，如以泰国和印度尼西亚等南亚为例，像泰国的木皮等纯天然的材质，散发着浓烈的自然气息，因此在色泽上也表现为以原藤原木的原木色色调为主，或多为褐色等深色系，在视觉感受有泥土的质朴和原木的天然材料搭配布艺的恰当点缀，因此取材自然是东南亚风格最明显的特色。

▲大量的深色实木设计在顶面、墙面及家具中，使得空间具有沉稳的气息

东南亚风格的建材预算

1 深色的方形实木

深色的方形实木多运用在室内的吊顶中，用以营造出纯木制的房屋的感觉。利用较高的层高，将吊顶设计成尖拱的样式，然后在吊顶的两侧按一定规律排列方形实木房梁，搭配棉麻质感的布艺或是壁纸，使吊顶看起来极具东南亚地域的自然气息。

预算估价

因方形实木可利用板材设计出来，或纯实木制作，因此市场价格无法确定。

2 具有地域特色的石材

石材会搭配墙面的木作造型出现，形成一个整体的设计造型。石材的选用并不等同于常用的大理石或花岗岩等材料，而是具有地域特色的东南亚石材。

预算估价

东南亚石材的市场价格在680~850元/m^2。

3 金色壁纸

东南亚的设计总会带给人豪华、贵气的感觉，在壁纸的选用上，最合适的是带有凹凸质感的金色壁纸。金属壁纸的纹理则多借鉴东南亚文化，使呈现出来的壁纸与东南亚风格的装修极为温和。

预算估价

金色壁纸的市场价格在200~340元/卷。

4 质感古朴的地砖

质感古朴类地砖不同于仿古砖更倾向于欧式风的特点，而是具有古朴的、做旧处理质感的地砖，往往具有明显的凹凸纹理。

预算估价

质感古朴的地砖的市场价格在350~400元/m^2。

5 米色颗粒硅藻泥

墙面的涂料选择没有比米色颗粒硅藻泥更适合的材料了。硅藻泥本身的凹凸纹理所带来的古朴质感与东南亚风格恰好相符，而米色调的硅藻泥还可为空间带来温馨的色调，以减少大量的深色实木造型带来的压抑感。

预算估价

米色颗粒硅藻泥的市场价格在90~110元/m^2。

东南亚风格的家具预算

1 木雕沙发

柚木是制成木雕沙发最为合适的上好原料，也是最符合东南亚风格特点的木材。其本身具有一种低调的奢华，典雅古朴，极具异域风情。

预算估价

木雕家具的市场价格在6000~8000元/组。

2 藤艺沙发

藤艺沙发具有天然环保、吸湿、吸热、透风、防蛀虫、不易变形和开裂等特性，在日常的使用中具有良好的耐用度。并且藤艺沙发是典型的东南亚风格装饰材料。

预算估价

藤艺沙发的市场价格在4000~5000元/组。

3 实木雕花装饰柜

雕花的样式以典型的东南亚文化为主，柜体的颜色较深，且有做旧处理的工艺。可摆放在餐厅做餐边柜、摆放在过道的尽头做端景柜、摆放在卧室做简易的化妆台。

预算估价

实木雕花装饰柜的市场价格在1800~2200元/件。

4 雕花红木餐桌

以尊贵的红木做餐桌的材料，在餐桌的四腿雕刻繁复的、具有东南亚文化的雕花造型。餐桌整体既有古朴的文化质感，又结实、耐用，是较好的东南亚风格家具选择。

预算估价

雕花红木餐桌的市场价格在7000~8500元/组。

5 藤制双人床

双人床采用粗壮的藤木编制而成，具有良好的透气性与牢固度。一般在床头的位置会编制成带有圆润弧度的藤木床头，使人背靠时感觉舒适。

预算估价

藤制双人床的市场价格在380~4500元/件。

东南亚风格的装饰品预算

1 佛手

东南亚家居中用佛手点缀，摆放在实木雕花装饰柜的上面，可以令人享受到神秘与庄重并存的奇特感受。

预算估价

佛手装饰的市场价格在200~300元/件。

2 木雕

东南亚木雕的木材和原材料包括柚木、红木、杪椤木和藤条。大象木雕、雕像和木雕餐具都是很受欢迎的室内装饰品，摆放在空间内可增添东南亚风格的文化内涵。

预算估价

木雕工艺品的市场价格在330~400元/件。

3 锡器

东南亚锡器以马来西亚和泰国产的为多，无论造型还是雕花图案，都带有强烈的东南亚文化印记。是符合东南亚风格的装饰品。

预算估价

锡器的市场价格在650~800元/套。

4 大象饰品

大象是很多东南亚国家都非常喜爱的一种动物。大象的图案为家居环境中增加了生动、活泼的氛围，也赋予了家居环境美好的寓意。

预算估价

大象饰品的市场价格在200~300元/件。

TIPS:

选择手工装饰品益精，不益多

大多以纯天然的藤竹柚木为材质，纯手工制作而成，如竹节袒露的竹框相架，带着几分拙朴，浓郁的东南亚味道；参差不齐的柚木相架没有任何修饰，却仿佛藏着无数的禅机。这些生态饰品让人大开眼界，诸如以椰子壳果核香蕉皮蒜皮等为材质的小饰品，其色泽纹理有着人工无法达到的自然美感；而更多的草编麻绳编结成的花篮，或者由粒粒咖啡豆穿起来的小饰品都有异曲同工之妙。这类人工饰品的价钱相对较高，但精美的造型所产生的装饰效果，往往超过数量众多、价钱便宜的普通装饰品。

北欧风格 预算支出少且满足欧式风的喜爱

预算要点

（1）北欧风格以其简洁的线条设计、明快的色块点缀，区别古典欧式繁复的雕花与设计，具有简洁且时尚的美。因此装修造价一般保持在15万~20万元。

（2）北欧风格装修出来的空间明亮且轻快，墙面抛弃繁复的、多材质的造型，在预算的硬装方面可节省许多的金钱。

（3）北欧风格的家具没有复杂的雕花造型，且体型不大，强调功能的实用性。售价并不高昂，预算支出较为合理。

（4）北欧风格的装饰品以少而精著称，通常一件装饰品的造型不复杂，却有极优美的形体。单件装饰品的价格较高，预算可控制购买的数量。

（5）北欧风格的布艺织物没有繁复的纹理与花纹造型，或是明亮的色块，或是浅淡的浅色调，且多是在布艺的材质上做区别。预算造价随着布艺材质的变化有高有低。

利用北欧风的色彩搭配，把控预算价格

北欧风格设计貌似不经意，一切却又浑然天成。每个空间都有一个视觉中心，而这个中心的主导者就是色彩。北欧风格色彩搭配之所以令人印象深刻，是因为它总能获得令人视觉舒服的效果——多使用中性色进行柔和过渡，即使用黑白灰营造强烈效果，也总有稳定空间的元素打破它的视觉膨胀感，如用素色家具或中性色软装来压制。而通过色彩的对比变化，形成空间的装饰效果，可以节省大量的装修预算。

▲浅淡的空间色调，简约的墙顶面设计，都使得北欧风格既时尚典雅，又可节省出大量的装修预算

北欧风格的建材预算

1 天然材料

木材、板材等天然材料，展现出一种朴素、清新的原始之美，代表着独特的北欧风格。常设计为客餐厅的墙裙、造型简洁的窗套及电视机背景墙。

预算估价

木材、板材的市场价格在110~230元/张。

2 白色砖墙

白色砖墙自然的凹凸质感及颗粒状的漆面，保留了原始的质感，为空间增加了活力，其本身的白色，塑造出干净、整洁的北欧风格特点。

预算估价

白色砖墙包括白色的乳胶漆和红砖两个部分。白色砖墙包括材料及施工的市场价格在150~180/m^2。

3 浅色实木地板

实木地板的颜色呈浅色调，如乳白色、浅米色等，木材的纹理较少，但凹凸的质感较为明显。大面积地铺设在客餐厅、卧室、书房等空间。是北欧风格的典型装饰建材。

预算估价

浅色实木地板的市场价格在270~320元/m^2。

4 文化石

常用在北欧风格的电视机背景墙设计。文化石的颜色一般选择较深的咖啡色，与空间的浅色调形成鲜明的对比，体现出质朴的、自然的设计效果。

预算估价

文化石的市场价格在130~220元/m^2。

5 磨砂玻璃

磨砂玻璃的颜色多数呈淡青色，运用在室内空间的推拉门、套装门或墙面造型中，搭配墙面的乳白色墙漆，形成典型的北欧风格色彩搭配。使空间具有轻快、自然的色调。

预算估价

磨砂玻璃的市场价格在90~120元/m^2。

北欧风格的家具预算

1 无雕花欧式沙发

无雕花类欧式沙发的体形不大，无论是拥挤的小户型，还是宽阔的大户型都可以舒适地摆放，造型设计上抛弃了繁复的木雕花造型，给人以简洁的视觉效果。

预算估价

无雕花欧式沙发的市场价格在3000~4500元/套。

2 线条简练的双人床

北欧风格的双人床以简练的线条、优美的流动弧线为主，抛弃多余的装饰造型。且双人床的设计极符合人体工程学，有舒适的坐卧感。

预算估价

线条简练的双人床的市场价格在3000~3800元/套。

3 铁艺扶手椅

通体以银色不锈钢为材质，扶手椅的设计贴合现代风格的简练线条与优美流线，使扶手椅在保证北欧风格的形体下，具有现代风格的时尚感。

预算估价

铁艺扶手椅的市场价格在600~800元/件。

4 带收藏功能的家具

北欧风格的家具除去本身的使用功能外，还具有良好的储物功能。如双人床的下面常设计抽屉用以储藏衣物，将沙发的坐垫拿起来，下面可以储藏不常用的物品等。

预算估价

带收藏功能的家具的市场价格在1800~2600元/单件。

5 体形轻便的书桌

书桌以浅色调为主，书桌的主体构造不采用厚重的实木，而是用细圆的桌腿与扁平的桌面组成。成品具有流线优美、移动方便等特点。

预算估价

体形轻便的书桌的市场价格在1300~1600元/件。

北欧风格的装饰品预算

1 线条简洁的壁炉

壁炉是欧式风格的典型元素，但北欧风的壁炉放弃了繁复的雕花造型，以简洁实用为标准，不占用过多的空间面积。常设计在客厅的电视机背景墙、餐厅的主题墙等处。

预算估价

成品的北欧风格壁炉的市场价格在2000~2400元/个。

2 挂盘

挂盘就是将色彩多样、艳丽的瓷盘悬挂在墙面上用以装饰空间。挂盘的形状以圆形为主，又以青花瓷的样式最为醒目，成组的挂盘装饰大小不一地排列形成空间的亮丽装饰。

预算估价

挂盘的市场价格在160~260元/组。

3 绿植

绿植的盛器一般精美且具有典型的北欧风格特色，再搭配绿意盎然的绿植，摆放在空间的任意位置都是精美的装饰品。

预算估价

绿植的市场价格在60~120元/瓶。

4 简约落地灯

落地灯的材质一般有木制的和金属的两种。金属造型的落地灯会成弧度地支在沙发的边角；木制的落地灯则配以浅色布艺的灯罩装饰空间。

预算估价

简约落地灯的市场价格在500~1000元/个。

5 白底黑框装饰画

装饰画的边框极为简单，没有一点儿的装饰雕花；装饰画的中心是欧式的风景画、建筑画等。整体给人一种极简的视觉感，悬挂在北欧风的客厅增添空间的装饰氛围。

预算估价

白底黑框装饰画的市场价格在300~500元/套。

Chapter 3

空间不同，预算支出不同

客厅　书房

餐厅　厨房

卧室　卫生间

客厅 预算中更多的墙顶面造型项目

（1）客厅的顶面主要以石膏板材为主，设计出各种复杂的造型，或搭配镜片等材质增添设计感。预算的重点主要在石膏板等木材的预算支出。

（2）客厅的墙面设计材料多样、造型繁复，其中主要以电视机背景墙为预算的支出重心。

（3）客厅的地面根据地砖、地板的材质变化，预算支出而有不同。

（4）掌握一些客厅的设计手法，如电视机背景墙的设计技巧、定做家具及窗帘等，可节省客厅的装修预算。

客厅预算的省钱原则

1 遵循实用的原则

在家居生活中，客厅是主要的活动空间，最能体现主人的品位和修养。现代风格的家居追求的是实用，不妨把更多的钱花在选购实用型家具上。

2 遵循温馨舒适原则

田园家居追求温馨、自然，如天然材质的藤等价格虽然不高，但却能让人的身心在不知不觉中彻底放松。

3 遵循货比三家的原则

复古家居的预算要比其他风格家居多些，家具、饰品等是复古家居的主角，不妨多走走、多逛逛，货比三家，自然也能省下不少钱。

客厅空间的顶面预算

1 平面式吊顶

平面式吊顶是最简单的吊顶类型，它没有任何表面造型和层次装饰，只是简单的平面天花板。但是这种简单的吊顶平整简洁，而且显得十分大方利落。若是户型较小，客厅面积不大，可以选择平面式吊顶，不会因为太繁复而给人一种拥挤的感觉。

预算估价

平面式吊顶的市场价格在95~115元/m^2。

2 凹凸式吊顶

凹凸式吊顶可能不止一个层次，造型也十分复杂。若是作为客厅吊顶，那么客厅的面积要大一些才好看。凹凸式吊顶时常搭配各种灯具一起作为装饰，如镶嵌吸顶灯，悬挂吊顶，或是在边缘安装筒灯或是射灯。

预算估价

凹凸式吊顶的市场价格在125~145元/m^2。

3 悬吊式吊顶

悬吊式吊顶就是将各种吊顶板材，或是木质板材或是金属板材或是玻璃板材，悬吊在顶面作为吊顶。悬吊式吊顶造型多变，又富于动感，比较适合一些大户型或是别墅的客厅装修，大气又新颖，让人眼前一亮。

预算估价

悬吊式吊顶的市场价格在125~145元/m^2。

4 井格式吊顶

井格式吊顶是指吊顶表面呈井字形格子的吊顶，而之所以表面能呈现这种效果是因为吊顶内部有井字梁。这种吊顶一般都会配以灯饰和装饰线条来造型，打造出一个比较丰富的造型，从而合理区分出空间。井格式吊顶比较适用于大户型，因为这一个个格子在小户型的小空间内会显得比较拥挤。

预算估价

井格式吊顶的市场价格在155~175元/m^2。

客厅空间的电视机背景墙预算

1 墙纸壁布设计很温馨

预算估价

墙纸及壁布的市场价格在160~320元/卷。

墙纸和壁布以其鲜艳的色彩、繁多的品种深深地吸引了人们的视线。这几年，无论是墙纸还是壁布，工艺都有了很大的进步，不仅更加环保，还有遮盖力强等优点。用他们做电视机背景墙，能达到很好的点缀效果，而且施工简单，更换起来也很方便。

2 文化石造型突出精致感

预算估价

文化石墙面造型的市场价格在360~550元/m²。

对电视机背景墙进行单独的设计与装修，如采用纹理粗糙的文化石镶嵌。从功能上看，文化石可以吸音，避免音响对其他居室的影响；从装饰效果上看，它烘托出电器产品金属的精致感，形成一种强烈的质感对比，十分富有现代感。旁边设置两个橱架摆放着主人心爱的艺术品，点缀其间，体现主人的高雅气质。

3 玻璃材质前卫时尚

预算估价

玻璃墙面造型的市场价格在200~320元/m²。

通过前卫时尚的设计元素营造客厅的“亮点”空间也是目前电视机背景墙的流行趋势。例如，用玻璃或金属等材质，既美观大方，又防潮、防霉、耐热，还可擦洗、易于清洁和打理，而且，这类材质的选用，多数结合室内家具共同塑造客厅的氛围。

4 亮丽色彩和几何造型

预算估价

石膏板几何造型的市场价格在165~195元/m²。

以亮丽的色彩和各种饰线来充实点缀，客厅内家具摆放要简洁却不失单调，电视机背景墙墙体的主色调可用橙色、天蓝色、紫色等亮丽色彩，用色可大胆、巧妙，也可用两种对比强烈的色彩搭配。

客厅空间的地面预算

1 大理石地面拼花

一般是在客厅的正中心位置，拼花的面积与沙发摆放所占的面积大致相等。大理石拼花多呈圆形在地面展开，配合圆形的吊顶达到客厅设计手法上的统一。况且大理石拼花地面具有通透的视觉感，可以提升客厅的装修档次。

预算估价

大理石地面拼花的人工费在100~150元/m²。

2 斜贴仿古砖

像美式乡村风、田园风及东南亚风格的客厅，可选择地面斜贴仿古砖的设计形式，使客厅与其设计的风格贴合得更紧密。仿古砖带来的凹凸质感与斜贴的纹理使地面充满了变化，增添客厅地面的设计元素。

预算估价

斜贴仿古砖的人工费在40~65元/m²。

3 凹凸纹理实木地板

这类具有明显的凹凸纹理的实木地板以深色居多，适用于现代风与简约风的客厅，搭配柔软的布艺沙发及墙面配饰，可提升客厅的时尚质感。

预算估价

凹凸纹理实木地板的市场价格在260~450元/m²。

4 浅色调复合地板

复合地板具有多样化的纹理，适用于大多数的客厅风格。而客厅选择铺浅色调的复合地板的原因是，不用担心地板产生划痕，因为复合地板具备良好的耐磨度，可以很好地保护人流量最多的客厅地面。

预算估价

浅色调复合地板的市场价格在120~280元/m²。

5 拼花实木地板

拼花实木地板常搭配地面铺设地砖，在客厅的中心位置铺设2m×2m的拼花实木地板，而周围则正常地铺设地砖。

预算估价

拼花实木地板的市场价格在320~550元/m²。

利用设计手法节省客厅预算

1 摒弃烦琐的电视机背景墙设计

做个简洁明快的电视机背景墙，在颜色上可以突出一点，再搭配几幅装饰画，这样可以随时更换装饰，灵活性更强，在费用上也能节省一大笔。

2 巧用沙发外罩给旧沙发“换新颜”

如果能够更换沙发“表皮”，和居室风格协调，就不必再买一套新的沙发，好的沙发外罩会让沙发看上去和新的一样。

3 定制家具做好充分的市场调查

一些个体作坊，由于大量使用了质次价低的材料，家具的价格比较便宜，动辄能够砍价上千元，对这类看似便宜的家具表面上也许看不出什么毛病，使用一段时间后便可悟出“一分价钱一分货”的道理了。做充分的市场调查是很必要的。

4 巧妙利用装饰构件

买些活动的装饰构件，轻巧易更换，融合整个装修风格，用简洁的可经常涂刷变换颜色的装饰墙面，既省钱又美观实用。

5 巧妙使用遮光布

遮光布有着良好的遮光效果，价格便宜，多用于卧室。在客厅遮光布一直没有被普遍利用。不妨将遮光布用于外层窗帘挡光，而内层则配以饰有花纹图案的窗纱。从室内来看，窗纱已具备足够的装饰作用。

客厅预算实例解析

1 施工图样

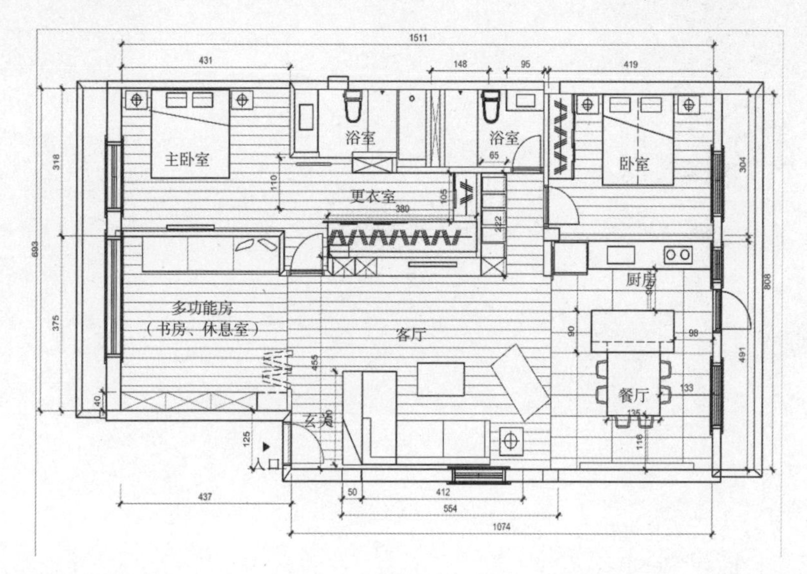

2 实景效果

3 客厅报价单

编号	施工项目名称	单价/单位	预估总价（元）
1	实木地板	420/m^2	13440
2	石膏板吊顶	145/m^2	4640
3	墙顶面乳胶漆	40/m^2	4480
4	电视机背景墙柜体	850/m^2	3850
5	电视机背景墙硅藻泥	420/m^2	910
6	入户鞋柜	650/m^2	3042
7	过道储物柜	650/m^2	3380
8	多功能房储物柜	650/m^2	4225
9	折叠推拉门	750/m^2	3600
10	筒灯	28/个	952
11	灯带	25/个	360
合计	42879元		

餐厅 壁纸的墙面粘贴节省预算支出

预算要点

（1）餐厅的吊顶根据空间的大小、造型的不同，而产生不同的预算支出，一般直线形吊顶会比弧形吊顶更节约预算。

（2）餐厅的主题墙虽然不大，但使用不同的材料设计，预算也会产生较大的差别。

（3）餐厅的地面材料主要有两种：瓷砖与地板。根据瓷砖的拼贴方式与地板的成分不同，预算或高或低。地面瓷砖拼花的人工及材料加工价格往往是常规贴法的两倍；地面选择铺贴实木地板也会比复合地板的价格高出许多。

餐厅预算的省钱原则

1 选择造型简洁、小巧的餐桌椅

选择合适的家具也是餐厅节约预算的关键，尤其对于小户型来说。现在很多家具造型简洁、小巧、质量好、功能强，甚至可随意组合、折叠，这样的餐厅家具可放在居室的任何地方，不浪费空间，又不会产生拥挤感。

2 设计敞开的餐厅柜

餐厅柜可以不做门，这是餐厅装修节省成本的窍门之一。这样的柜子有展示功能，不妨把自己珍藏的红酒、餐具瓷器等统统放进柜里，让它们成为餐厅最独特的装饰。

3 设计吊顶时配合灯具

独立的小餐厅一般难以形成良好的围合式就餐环境。想要解决这一问题其实不难，在小餐厅的顶棚做小型的方形吊顶以压低就餐空间，营造餐厅的围合式就餐气氛。

餐厅的顶面预算

1 圆形吊顶

餐厅圆形吊顶尺寸的设计和规划要注意餐厅的高度，毕竟在不同的高度下，对于餐厅吊顶的大小也会有着不同的要求。为了达到美观的效果，高度和尺寸要达到一种和谐的程度。

预算估价

圆形吊顶的市场价格在125~145元/m^2。

2 长方形吊顶

长方形吊顶是围绕餐厅吊顶的四周设计出的内凹式的吊顶，通常在长方形吊顶的四周设计筒灯及射灯等辅助性光源，以增添餐厅的进餐氛围。在长方形吊顶的中间悬挂同样形状的吊顶可以使餐厅的设计效果更具整体性。

预算估价

长方形吊顶的市场价格在125~135元/m^2。

3 半弧形吊顶

半弧形吊顶是配合餐桌椅一侧紧靠墙面时设计的顶面造型。将吊顶设计成一个紧靠墙面的半弧形造型，使弧形的一半显露在吊顶上，另一半隐藏在墙面里。这样可以给人以餐厅空间很大的错觉，适合设计在较小的餐厅空间。

预算估价

半弧形吊顶的市场价格在125~145元/m^2。

4 正方形吊顶

吊顶方正的设计更适合比较方正的餐厅，一般这类餐厅的空间较大。设计正方形吊顶时，吊顶下面的餐桌可搭配长方形餐桌、正方形餐桌及圆形餐桌等，是比较好搭配餐桌的一种吊顶设计。

预算估价

正方形吊顶的市场价格在125~135元/m^2。

5 雕花格吊顶

雕花格吊顶是在吊顶的中间设计合适尺寸的雕花格，在吊顶的内部设计暗藏灯带，使灯带照射出的灯光透过雕花格散发出来，营造出一种温馨的餐厅氛围。

预算估价

雕花格吊顶不含雕花格的市场价格在125~135元/m^2；雕花格的市场价格在350~550元/m^2。

餐厅的背景墙预算

1 条纹黑镜背景墙

预算估价

黑镜的市场价格在95~160元/m²。

条纹黑镜的墙面造型一般设计在小型的餐厅。本身餐厅的面积不大，需要镜面设计拓展空间的视觉效果。然后在餐厅的主题墙设计黑镜搭配板材的造型，既有效地拓展了餐厅的视觉延伸感，又提升了餐厅的设计效果。

2 大理石拼花背景墙

预算估价

拼花大理石的市场价格在550~800元/m²。

在餐厅的主题墙面设计满墙的大理石。大理石或具有鲜明的纹理，或是采用大理石拼花的形式，组合成餐厅的墙面造型。因大理石的市场价格较高，且具备良好的光泽度，因此常利用大理石拼花背景墙的设计，展现餐厅的奢华气质。

3 壁纸配装饰画背景墙

预算估价

墙面石膏板打底的人工及材料价格在165~185元/m²。

这种设计方法是餐厅背景墙设计中，预算最为节省的。在餐厅主题墙的位置，先用石膏板构建出墙面的四框造型，然后在主题墙的中间粘贴壁纸。

4 红砖刷白漆背景墙

预算估价

红砖墙面造型的市场价格在180~210元/m²。

这种餐厅背景墙常设计在现代风格及简约风格的空间，利用红砖本身粗糙的质感，然后在表面喷涂白色乳胶漆，形成工业化的质感。设计成型的红砖背景墙极具时尚感，是一种常见的餐厅背景墙设计形式。

TIPS:

选好墙面材料省预算

餐厅背景墙材料是一项很大的开支。现在建材市场上材料繁多，而且多数价格不菲。在装修时，重要的地方肯定要用好材料，但并不是全部都要用上高档建材，那样的话整体价格太贵。装修材料最新推出的产品，性价比肯定不如经典产品高，而且性能也不如经典产品稳定，但通常价格更高。因此，建议在装修时进行合理的搭配，最好挑选实用性较强的材料。

餐厅的地面预算

1 抛光砖地面

抛光砖地面具有通透的光泽，铺设在地面上，可以像一面镜子一样反射出餐厅的自然光线。这类地砖具有良好的耐用度，不用担心餐桌椅的滑动会在地砖上留下划痕。因此，抛光砖是一种很适合铺设在餐厅的地面瓷砖，且一旦有食物掉落在地砖上，也很容易清洁，保持地面的光洁如新。

预算估价

抛光砖的人工铺贴费在40~55元/m^2。

2 亚光砖地面

亚光砖地面最大的优点就是具有吸光作用，避免餐厅形成光污染。亚光砖在餐厅的铺设，多以搭配布艺织物的形式出现，这样可以使餐厅具有舒适、柔软的感觉，有助于进餐时的食物消化。

预算估价

亚光砖的人工铺贴费在40~55元/m^2。

3 拼花地砖

多设计在欧式、美式乡村等风格的餐厅。拼花地砖的形式有两种，一种是全地面拼花，拼花的样式不复杂，通常以一定的规律排列；另一种是局部地面拼花，在餐桌的正下方，拼花的面积略大于餐桌的面积，拼花的样式复杂多样，且极具美感，形成餐厅的视觉主题。两种不同的地面拼花都会为原本单调的餐厅，带来丰富的视觉变化，增添餐厅空间的设计感。

预算估价

拼花地砖的人工铺贴费在55~75元/m^2。

4 深色调实木地板

一般餐厅需要良好的进餐氛围，那么空间的色彩是不宜过度明亮的，选择在地面铺设深色调实木地板就是个不错的选择。首先，深色调的实木地板可以很好地搭配实木餐桌，并且不会出现上重下轻的感觉，而且深色调的实木地板可以将餐厅的整体色调降下来，使人们在进餐时，将精力更多地集中到美食上面。实木地板同样具备着良好的耐用度，清洁起来也十分容易。

预算估价

实木地板的人工铺贴费在55~70元/m^2。

餐厅预算实例解析

1 施工图样

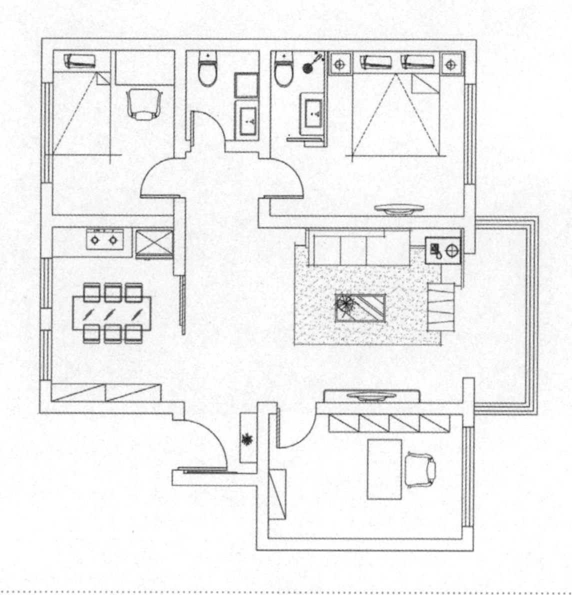

2 实景效果

3 客厅报价单

编号	施工项目名称	单价/单位	预估总价（元）
1	实木地板	368/m^2	4416
2	石膏板吊顶	145/m^2	1740
3	墙顶面乳胶漆	40/m^2	1280
4	墙面黑色马赛克	336/m^2	753
5	储物柜	650/m	4368
6	大扇玻璃移门	360/m^2	1728
7	不锈钢踢脚线	21/m	189
8	白色卷帘	210/个	210
9	玻璃不锈钢餐桌	3600/组	3600
10	枝叶状吊灯	2400/个	2400
11	筒灯	28/个	448
合计	21132元		

卧室 稳定的格局设计减少预算变化

预算要点

（1）卧室的吊顶不需要过于花哨的造型，简单的吊顶造型搭配丰富的布艺家具是不错的选择。而层高较低的卧室不采用吊顶，选择用石膏线装饰可以节省预算。

（2）卧室的床头墙设计应根据所购买的床具确定样式，不仅使空间搭配合理，而且能节省床头背景墙的预算。

（3）卧室的地面材料以木地板为主，也有仿木纹的地砖或地毯的选择。其中预算支出较少的、更具性价比的是满铺地毯。

卧室预算的省钱原则

1 装修前合理规划

卧室装修要想做到经济合理，仔细规划是必不可少的。如何规划、哪些是装修重点、如何布置，装修之前都应该做到心里有数。完整、统一的设计，可以把不必要的支出降到最低；若没有设计或仅有简单设计，边做边改，是很难做到经济合理的。

2 卧室装修要有重点

重点装修的地方，可选用高档材料、精细的做工，这样看起来会有较高的格调，其他部位的装修则可采取简洁、明快的办法，材料普通化，做工简单化。

3 注重功能性

卧室的功能性很重要，要求舒适、能让人平静地休息、睡眠。因此，在卧室的装修中，材料的选择非常重要，既要满足卧室的功能特性，又必须符合主人的审美需求。

卧室的顶面预算

1 石膏线吊顶

石膏线吊顶就是在卧室设计好吊顶后，在吊顶的四周及吊顶产生的边角位置用发泡胶粘贴石膏线。石膏线的种类较多，有比较简单的、直线条的石膏线，有欧式的、复杂花形的石膏线。根据不同的卧室风格，选择适合的石膏线，可以使卧室的设计感更加强烈。

预算估价

石膏线的材料及人工安装费的合计价格在15~35元/m。

2 实木线条吊顶

在卧室的顶面设计实木线条，主要是为了搭配卧室内的实木双人床、座椅与柜体等。这类的卧室一般是中式风格、新中式风格与东南亚风格。实木线条安装在吊顶上，也会保持实木的原色调，使实木线条从吊顶中凸显出来。

预算估价

实木线条不含人工的市场价格在20~45元/m。

3 公主房式吊顶

公主房式吊顶是在床头位置的正上方，设计出一个半弧形的石膏板吊顶，并搭配弧形的石膏线，在半弧形的吊顶四周围上彩色的纱帘。半弧形石膏板吊顶的直径一般在600~800cm，自然下垂的纱帘正好可将人包围在纱帘的内部。这种吊顶常用于欧式风格的卧室。

预算估价

公主房式吊顶的人工价格在125~145元/m^2。

4 尖拱形吊顶

可设计成尖拱形吊顶的卧室需要较高的层高，因为尖拱的样式会占有较多的吊顶面积。适合设计尖拱形吊顶的风格有欧式风、东南亚风及美式乡村风等，可根据具体的卧室风格选择尖拱行吊顶的样式，彰显出卧室的大气与奢华感。

预算估价

尖拱型吊顶的人工价格在130~155元/m^2。

卧室的床头墙预算

1 皮革软包床头墙

这是最常见的卧室床头墙设计，是在卧室的床头位置，从顶面到地面设计成方块状的皮革软包，呈斜拼的形式排列。这种的设计样式适合欧式风格的空间；或者是将皮革软包呈竖条纹地排列，然后在皮革的纹理与颜色上寻求变化，这样的设计样式适合现代风格的卧室。

预算估价

根据皮革的不同材质，软包床头墙的市场价格在400~500元/m²。

2 布艺硬包床头墙

布艺硬包床头墙不像软包床头墙一样具有柔软的触感，但硬包床头墙具有分明与整齐的棱角，展现出一种线条美。

预算估价

布艺硬包床头墙的市场价格在300~400元/m²。

3 石膏板造型床头墙

可依据卧室的风格而设计出不同的石膏板造型，如欧式风格的床头墙可设计成典型的欧式弧度，然后内藏灯带，使床头墙具有温馨的感觉；现代风格的床头墙可设计成几何造型的样式，然后粘贴不同款式的壁纸以搭配床头墙的设计，使卧室具有多样的色彩变化。

预算估价

依据不同的石膏板造型难度，其市场价格在165~210元/m²。

4 实木雕花格床头墙

一般设计在中式及新中式风格的空间，根据床头墙的大小进行定制，或选择几块雕花格拼接。采用雕花格拼接的设计，可以为卧室营造出多扇木窗的感觉，增添卧室的中式韵味。

预算估价

定制实木雕花格市场价格在350~550元/m²。

5 不锈钢咖镜床头墙

咖镜搭配不锈钢的床头墙设计适用于较小面积的卧室，因咖镜具有反射的效果，可以从视觉上拓展卧室的面积。并且采用不锈钢包边的设计，可以很好地解决咖镜边角无法处理的问题。

预算估价

咖镜的市场价格在145~165元/m²。

卧室的地面预算

1 亮面漆木地板

木地板表面的亮面木器漆，使木地板看起来具有通透的光泽，铺设在卧室的地面尤其地彰显出空间的富贵气息。亮面漆木地板的色调有多种选择，搭配色彩明亮自然的卧室，可选择浅色调的水曲柳木地板；搭配颜色艳丽或沉稳的卧室，可选择深色调的木地板，如棕红色的木地板，可使卧室拥有静谧的氛围。

预算估价

亮面漆木地板的市场价格在260~320元/m^2。

2 竹木地板

竹木地板自然美观，纹理通直，刚劲流畅，通体透亮，质感细腻，为卧室平添了不少文雅韵味；而它极强的韧性和硬度，加之冬暖夏凉、防水防潮、护养简单的特点也迎合了卧室空间对于地板的特殊要求。竹木地板适合卧室的主要原因是，竹木地板非常适合地热采暖，在居室越来越多的采用地热采暖的情况下，竹木地板的优势性越发明显。

预算估价

竹木地板的市场价格在160~240元/m^2。

3 柔软质感地毯

具有丰厚手感、质地柔软的地毯是卧室最容易搭配的选择。不仅能消除地面的冰凉感，还让空间更富质感。尤其是简单的纯色地毯，最适合用于卧室的整体铺装，柔软的质地加入波点的变化，为冬天的居室融入浓浓的舒适暖意。

预算估价

整铺地毯的市场价格在50~90元/m^2。

4 仿木纹陶瓷砖

卧室铺设仿木纹陶瓷砖主要优点在于便于打理。木地板怕水，而仿木纹陶瓷砖可以很好地解决这个问题。首先，仿木纹陶瓷砖的木纹质感可以增添卧室的舒适感；其次，其长久耐用的特点与较低廉的造价，都是使其铺设在卧室的不错的选择。

预算估价

仿木纹陶瓷砖的市场价格在180~220元/m^2。

卧室预算实例解析

1 施工图样

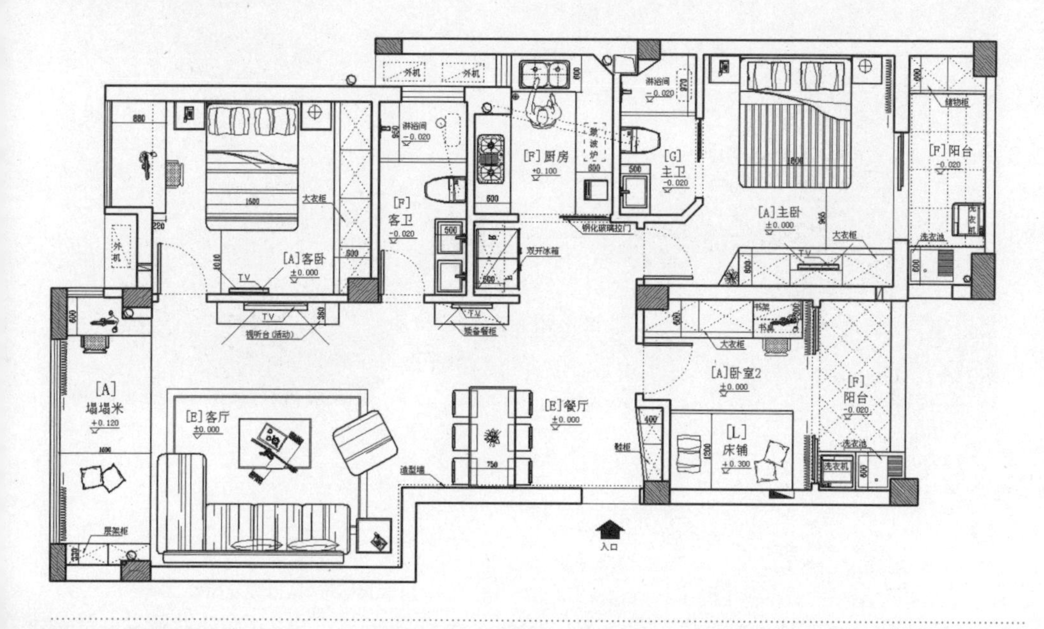

2 实景效果

3 卧室报价单

编号	施工项目名称	单价/单位	预估总价（元）
1	实木地板	336/m^2	4368
2	地面瓷砖	125/m^2	634
3	墙顶面乳胶漆	40/m^2	1500
4	石膏板吊顶	145/m^2	850
5	墙面壁纸	58/m^2	626
6	定制衣柜	650/m^2	3120
7	储物柜	650/m^2	2091
8	玻璃推拉门	360/m^2	1267
9	成品双人床	2800/张	2800
10	窗帘	65/米	1850
11	套装门	1650/樘	1650
合计	20756元		

书房 定制书柜是预算的支出重点

（1）书房的吊顶根据需要有几种不同的材质选择，如有利于设计造型的，吸音、隔音效果出色的，还有较节省预算支出的。

（2）书房大部分的墙面会被书柜占用，因此在墙面的设计中不需要过多复杂的造型，且预算支出也会随之增加。

（3）书房的地面预算，主要集中在材料与地面纹理的选择上。其中首推最具性价比的地面材料，是带有多样化纹理的复合地板。

书房预算的省钱原则

1 确定使用模式

书房空间，计划怎样利用它，这是必须先厘清的问题。如果常常将公事带回家做，或者需要长时间在这里工作，那就需要较正式的书房形式。反之，则可以用与其他空间相融合的方式处理。若需要长时间地在书房中工作，或会见朋友等，则需要多支出些预算在墙顶面的设计上，以彰显主人的品位；若只作为自己休闲时间的读书空间，书房的设计则以简洁为主，涂刷乳胶漆或粘贴壁纸就可以。这样可以节省大量的预算支出。

2 了解储物需求

在书房的设计中，需要考虑到哪些东西会存放在这里，如一般规格的书、大开本的精装书、A4尺寸的公文档案，或者会储存一些不常用的家庭用品。这些东西的储藏方式都不同，要先加以统计，才能规划适当的空间收纳。提前设计好空间收纳的方式，可以避免后期施工中，出现的重复施工现象，避免额外的预算支出。

书房的顶面预算

1 轻钢龙骨石膏板吊顶

石膏板是以熟石膏为主要原料掺入添加剂与纤维制成，具有质轻、绝热、吸音、不燃和可锯性等性能。石膏板与轻钢龙骨(由镀锌薄钢压制而成)相结合，便构成轻钢龙骨石膏板。轻钢龙骨石膏板具有多种种类，包括纸面石膏板、装饰石膏板、纤维石膏板、空心石膏板条等。

预算估价

纸面石膏板的市场价格在20~50元/张。

2 夹板造型吊顶

夹板（又叫胶合板），为现时装修常用。具有材质轻、强度高、良好的弹性和韧性、耐冲击和振动、易加工和涂饰、绝缘等优点。其受欢迎的原因在于其能轻易地创造出各种各样的造型天花，但有个怕白蚁的缺点。补救方法是喷洒防白蚁药水。

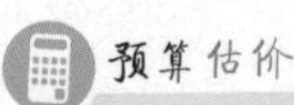

预算估价

夹板（胶合板）的市场价格在95~160元/张。

3 铝蜂窝穿孔吸音板吊顶

铝蜂窝穿孔吸音板吊顶的构造结构为穿孔面板与穿孔背板，依靠优质胶黏剂与铝蜂窝芯直接粘接成铝蜂窝夹层结构，蜂窝芯与面板及背板间贴上一层吸音布。并且它可以根据室内声学设计，进行不同的穿孔率设计，在一定的范围内控制组合结构的吸音系数，既达到设计效果，又能够合理控制造价。

预算估价

铝蜂窝穿孔吸音板的市场价格在55~105元/m^2。

TIPS:

掌握书房设计重心，避免重复施工

（1）书房装修通风要好。书房里电子设备越来越多，需要良好的通风环境，一般不宜安置在密不透风的房间内。门窗应能保障空气对流畅顺，其风速的标准可控制在每秒1m左右，有利于机器的散热。

（2）书房装修温度适宜。因为书房里有计算机和书籍，故而房间的温度最好控制在0~30℃。计算机切忌摆在阳光直接照射的窗口；忌摆在空调器散热口下方；忌摆在暖气散热片或取暖器附近。

书房的墙面预算

1 浅色调墙面造型

书房空间主要用于阅读与办公，因此采光对于书房来说是比较重要的。在设计书房的墙面造型时，不论材料如何选择、造型如何设计，其色调应一直保持浅色调的明亮色系，有利于保护眼睛，且明亮的书房也会增进人们阅读的愉悦性。

预算估价

木工板墙面造型含材料及人工的市场价格在185~210元/m²。

2 少纹理的墙面壁纸

在选择书房的墙面壁纸时，应避免选择花纹繁复、色彩多变的壁纸，而是选择纹理较少的，色调温馨舒适的壁纸。这样可以使书房保持安静的氛围，不至于被眼花缭乱的墙面壁纸惹得人心绪不安。

预算估价

少纹理壁纸的市场价格在168~240元/卷。

3 布满墙面的定制书柜

有些较小的书房摆放书柜会占用很大的面积，这时可以将书房的墙面拆除，然后将原有墙体的位置设计成书柜。这种墙面的设计手法，既节省了墙面的造型，又完成了书柜在空间内的合理布置，是一种较理想的设计方案。

预算估价

定制书柜的市场价格在320~540元/m²。

4 墙裙配壁纸的墙面设计

木制的成品墙裙一般高度在90~1100cm，依具体的书房层高而有不同。墙裙根据书房的风格或涂刷白色的木器漆，或保持木材的原有纹理的清漆，然后在书房的墙面再搭配相应风格的壁纸。

预算估价

定制墙裙的市场价格在260~350元/m²。

5 沉稳色调乳胶漆

为了营造书房静谧的阅读氛围，常会采用墙面涂刷沉稳色调的乳胶漆。这类墙面的设计不会在墙面设计复杂的造型，只会以沉稳色调乳胶漆搭配书柜的形式出现。

预算估价

沉稳色调乳胶漆含材料及人工的市场价格在40~50元/m²。

书房的地面预算

1 织布纹理复合地板

织布纹理复合地板一改以往木地板的实木纹理，而采用织布的纹理，使地面看起来具有文艺气息，是一种比较适合铺设在书房的复合地板。而且织布纹理木地板明显的一个特点是，其容易搭配空间的设计风格，不论书房是现代风格，还是欧式风格，其都可以很好地搭配。

预算估价

织布纹理复合地板的市场价格在265~320元/m^2。

2 做旧处理实木地板

做旧处理实木地板是在实木地板进行一种特殊的工艺，使实木地板看起来有做旧的质感。这种实木地板铺设在书房，再搭配特定的设计风格，如美式乡村风格或现代风格，都可为空间增色不少。

预算估价

做旧处理实木地板的市场价格在345~420元/m^2。

3 深色皮纹砖

皮纹砖是一种特殊工艺的瓷砖，瓷砖的表面呈皮革纹理，在瓷砖的四周有凹凸质感的缝线痕迹，使人很难辨认这是一种瓷砖。将其铺设在书房的地面，可增添空间的设计元素，使书房看起来极具质感。

预算估价

皮纹砖的市场价格在90~160元/m^2。

4 浅色亮面地砖

浅色亮面类地砖不突出瓷砖的复杂纹理，而主要是为书房提供明亮的色调。通过浅色的地砖颜色与高强度的反光效果，搭配空间内同样浅色调的家具，使整体空间更显明亮、通透。

预算估价

亮面地砖的市场价格在125~180元/m^2。

5 棕色簇绒地毯

簇绒地毯可以满铺在书房的地面，使书房踩踏起来具有舒适的触感。而选择棕色的地毯色彩，可以轻松地为书房提供静谧的居室氛围，创造更舒适的阅读体验。

预算估价

簇绒地毯的市场价格在50~90元/m^2。

书房预算实例解析

1 施工图样

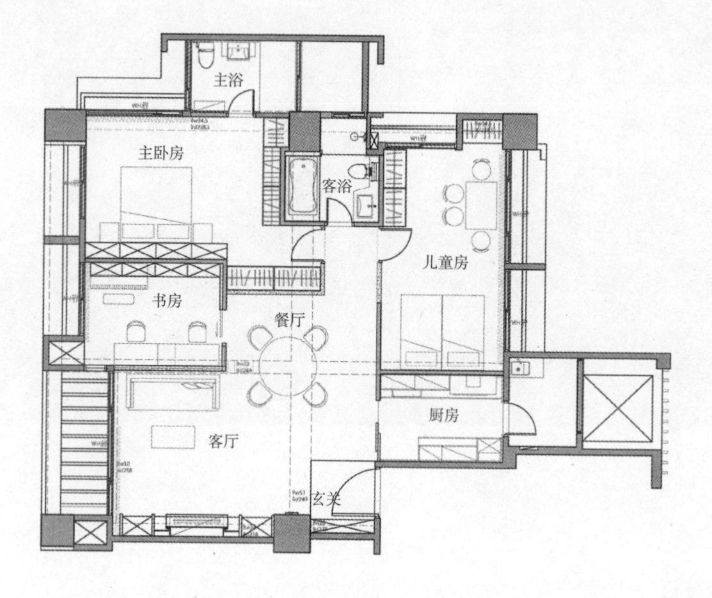

2 实景效果

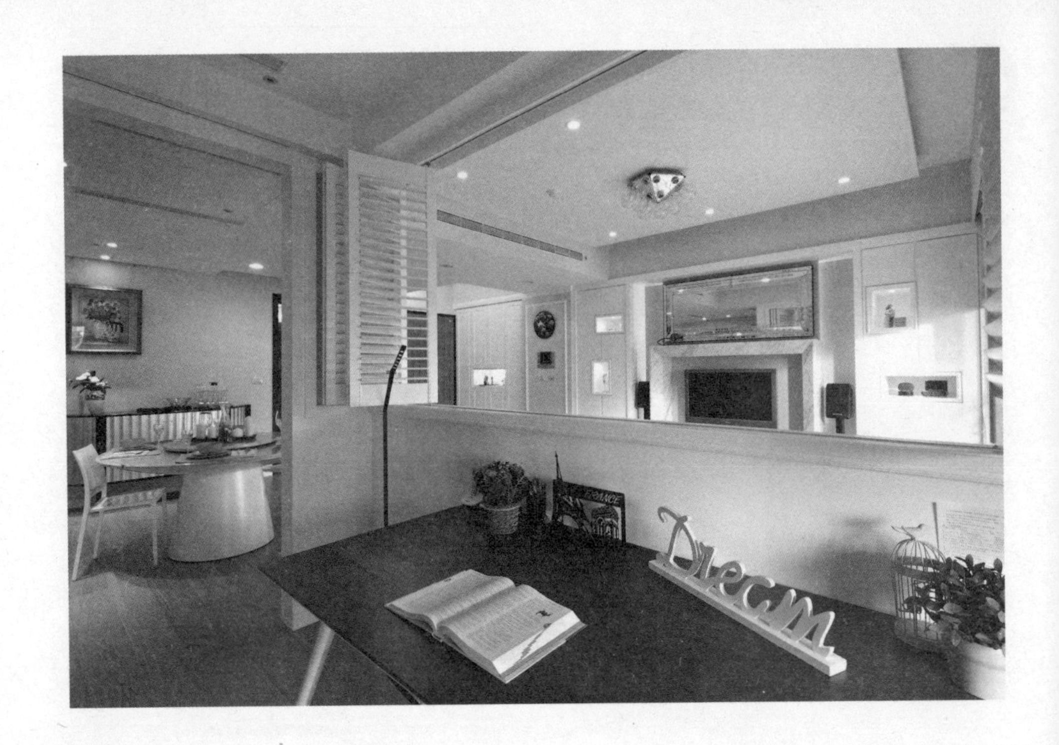

3 书房报价单

编号	施工项目名称	单价/单位	预估总价（元）
1	实木地板	368/m^2	3312
2	墙顶面乳胶漆	40/m^2	1260
3	石膏板吊顶	145/m^2	1305
4	定制书桌	1900/项	1900
5	黑色靠背椅	640/个	640
6	定制书柜	600/m^2	1850
7	定制吊柜	650/m^2	1670
8	定制百叶窗	2150/项	2150
9	布艺卷帘	350/项	350
10	双头筒灯	48/个	288
11	单扇推拉门	670/m^2	1440
合计	16165元		

厨房 瓷砖预算支出占比较多的空间

预算要点

（1）厨房的吊顶预算支出主要集中在铝扣板吊顶与PVC吊顶之间。而在同等面积下，铝扣板的预算支出要多于PVC扣板。

（2）厨房的墙面预算材料主要是瓷砖，但也有不锈钢板墙面、钢化玻璃墙面等。

（3）厨房的地面预算支出根据人工的铺贴费用、材料的选用不同而有多种的预算方案。厨房地面材料多采用地砖，且地砖的造价也略低于地板的预算。

厨房预算的省钱原则

1 不要随意更改原有空间用途

家装设计最基本的原则就是切忌房间移位，尤其是厨房和卫生间等牵涉较多的空间。如果强行改变空间用途，不仅会增加水电工程的支出，而且很容易造成使用功能方面的问题。例如，排水管线移位时，只要施工稍不注意，在未来就很容易造成排水不畅，甚至漏水。

2 根据实际需要定做橱柜

现在厨房装修都选用整体橱柜，一来方便，二来也比较美观。但是，整体橱柜动辄几千元甚至上万元的价格，是一笔不小的费用。业主可以估算一下自己的厨房用品，吊柜与地柜的数量满足日常需要就够用了，没有必要全部做满。

3 不要盲目相信销售人员

购买整体橱柜时，一些商家会说他们的橱柜采用了防潮板，价格自然也稍贵，其实，他们所谓的防潮板只是在普通中密度板上做了一些简单的防潮处理而已。事实上，对于橱柜来说，最重要的是做好台面的防水和接好水管，对防潮的要求并不高。

厨房的顶面预算

1 带纹理铝扣板吊顶

带纹理铝扣板吊顶含材料及人工的市场价格在110~135元/m²。

带纹理类铝扣板的样式可选择性很多，如花纹样式、条纹样式、满天星样式等，都是最常见的厨房吊顶样式。且铝扣板具有良好的防水性能，很适合做厨房的顶面材料。

2 镜面铝扣板吊顶

镜面铝扣板的市场价格在125~150元/m²。

镜面铝扣板不同于纹理铝扣板表面带有的磨砂纹理，镜面铝扣板表面像银镜一样，具有良好的反射性，设计在小空间的厨房，可达到拓展视觉空间的效果。

3 木纹PVC扣板

木纹PVC扣板的市场价格在60~100元/m²。

PVC扣板是最早用于厨房吊顶装修的材料，通常呈长条状，纹理样式多种多样。其中以木纹PVC扣板最具质感，装修在厨房容易搭配橱柜，形成统一的设计风格。

4 防火石膏板吊顶

防火石膏板的市场价格在35~50元/张。

石膏板吊顶设计适合敞开式的厨房，使厨房的吊顶设计与餐厅、客厅的吊顶设计形成呼应。但厨房对石膏板吊顶的主要要求是防火性能，防止厨房发生火灾的危险。

5 生态木吊顶

生态木吊顶的市场价格在40~80元/m²。

生态木吊顶设计在厨房，一般会以搭配防火石膏板的形式出现，就是在吊顶的周围设计石膏吊顶，然后在中间的位置设计生态木造型。这种厨房吊顶设计十分新颖，同时比较好搭配实木橱柜，使厨房的色彩不会过于单调。

厨房的墙面预算

1 300mm×300mm仿古墙砖斜贴

厨房墙面斜贴仿古砖一般有两种方式：第一种方式是在离地面900cm以下的墙面采用直贴的方式，然后以上的墙面采用斜贴的形式；第二种方式是厨房的全部墙面采用斜贴的方式。具体的墙面粘贴方式，可根据不同的仿古砖样式进行设计。

预算估价

300mm×300mm仿古砖的市场价格在140~180元/m²；地砖斜贴的人工费在30~65元/m²。

2 300mm×450mm亮面瓷砖

亮面类瓷砖的粘贴方式受尺寸的限制，通常只会进行直贴的施工工艺。而亮面瓷砖是比较适合小空间厨房的，不论从瓷砖的色调上，还是从瓷砖的反光度上都可拓展空间的视觉效果。

预算估价

300mm×450mm亮面瓷砖的市场价格在80~160元/m²。

3 亮面不锈钢墙面

不锈钢墙面耐用耐磨，好清洁又防火，但质感较冷调，被硬物碰到的话不容易修复。建议用在临近炉具的墙面，方便日后清理。不锈钢适合应用在装饰性的地方，避免留下难看的刮痕，安装时需注意管线配置及安全措施，因其具有导电性。

预算估价

不锈钢墙面的市场价格在240~380元/张。

4 强化玻璃墙面

玻璃材质适用于面积小或采光好的厨房，油烟附着时以清洁剂轻擦即可，材质以强化玻璃为主。玻璃适合应用在非主墙的墙面，其穿透性好，此外，面积小的厨房使用穿透玻璃材质能扩大视觉空间。高透光及折射性质，能让室外光源穿透在空间内，营造自然明亮的感觉。

预算估价

强化玻璃的市场价格在80~160元/m²。

5 防火板墙面

防火板是以岩棉与矽酸钙结合而成，它具有耐高温、不易沾污垢、可清洗、不褪色而且完全不会燃烧等特点，起到防火功能。

预算估价

防火板的市场价格在90~140元/张。

厨房的地面预算

1 600mm×600mm玻化砖地面

适合空间较大的厨房，而且玻化砖质地坚硬，耐磨性强，具有明亮的光洁度。一般选择色调浅白的玻化砖，搭配同样纹理的墙面砖，橱柜则选择色调较深的实木材质或钢化玻璃，使厨房具有鲜明的时尚感。

预算估价

600mm×600mm玻化砖的市场价格在140~230元/m²。

2 仿古砖拼花地面

仿古砖一般选择300mm×300mm的尺寸，然后在仿古砖的四角处配有马赛克大小的拼花，成一定规律地铺设在厨房地面。这种厨房地面适合搭配美式乡村风格、田园风格等空间。

预算估价

仿古砖拼花的人工价格在40~65元/m²。

3 爵士白大理石地面

地面铺设大理石的厨房一般都是敞开式的，会与餐厅的地面石材相呼应。厨房地面铺设爵士白大理石不仅拥有奢华的设计感，而且清洁起来十分方便。因为大理石地面的铺设不像瓷砖一样留有缝隙，故不容易沾满灰尘。

预算估价

爵士白大理石的市场价格在210~260元/m²。

4 柚木纹理木地板

木地板的铺设是由餐厅延伸至敞开式厨房的，使空间拥有整体的视觉感。柚木纹理的木地板有带凹凸质感的实木材质和高光泽度的实木复合地板两种，可根据具体要求进行选择。

预算估价

柚木纹理的实木复合地板的市场价格在290~380元/m²。

TIPS:

计算好地砖的损耗量

规划地砖铺贴一般需要计算地砖的耗损量，一般按照3%的耗损量来计算最为合理。规划时需要对用料进行初步的估算，除了地砖数量需要估算，还有辅料使用量的估算。一般地砖数量的计算为：所需地砖数=房屋面积/地砖面积+3%。而辅料的计算一般是按照每平方米地砖需要普通水泥12.5千克、沙子34千克，白水泥和108胶水在填缝处理时用到，按每平方米0.5公斤计算。

厨房预算实例解析

1 施工图样

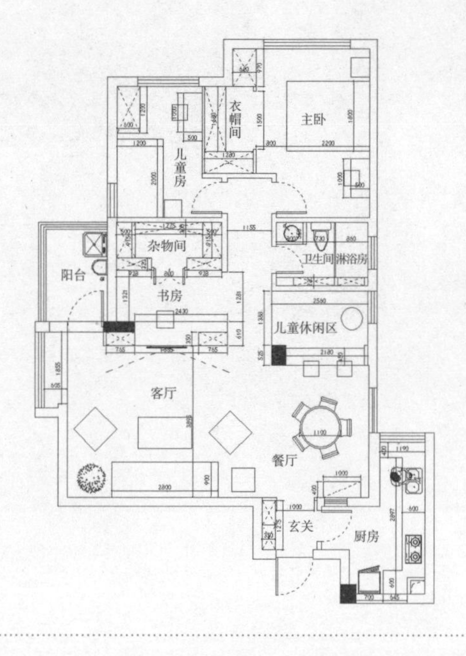

2 实景效果

3 厨房报价单

编号	施工项目名称	单价/单位	预估总价（元）
1	地面瓷砖	236/m^2	1180
2	墙面瓷砖直贴	236/m^2	1850
3	墙面瓷砖斜贴	256/m^2	2100
4	集成吊顶	110/m^2	550
5	吸顶灯	380/个	380
6	整体橱柜	1550/延米	5270
7	吸油烟机	1750/个	1750
8	洗菜槽	350/个	350
9	木制开窗	1350/项	1350
10	套装门	2250/樘	2250
合计	17030元		

卫生间 较少的格局改动使预算支出减少

预算要点

（1）卫生间的吊顶根据设计风格可有多样化的选择，如铝扣板吊顶根据色彩上与图案上的不同，预算的支出便随之改变。

（2）卫生间的墙面预算除去必需的材料外，人工费用也是不可忽略的一部分。如墙砖的斜贴造价便高于直贴的造价，马赛克的粘贴也高于普通墙砖的粘贴。

（3）卫生间的地面预算材料以瓷砖与大理石为主，经常是瓷砖与大理石互相结合粘贴，相对应地，预算的支出也会增加。

卫生间预算的省钱原则

1 使用浴室镜柜

家装设计最基本的原则就是切忌房间移位，尤其是厨房和卫生间等牵涉较多的空间。如果强行改变空间用途，不仅会增加水电工程的支出，而且很容易造成使用功能方面的问题。例如，排水管线移位时，只要施工稍不注意，在未来就很容易造成排水不畅，甚至漏水。

2 根据实际需要定做橱柜

小户型浴室空间狭小，做干湿分离时可以挂个性浴帘，只需不锈钢弯架和浴帘，成本相当低!

3 彩色水泥墙面

在卫生间墙面先用水泥涂抹，然后直接抹混色粉，待凝固后，刷一层透明水泥清漆。此法的好处在于代替瓷砖，且防水性能佳。需要注意的是，此法需要辅以灯光。

卫生间的顶面预算

1 磨砂铝扣板吊顶

铝扣板的表面具有粗糙的磨砂纹理，减少厨房间反光度，有清洁光污染的效果。磨砂铝扣板有多种的样式选择，可以是带花纹凹凸质感的，也可以是磨砂无纹理的。是厨房吊顶比较理想的材料选择。

预算估价

磨砂质感铝扣板吊顶含材料及人工的市场价格在120~146元/m²。

2 欧式金黄铝扣板吊顶

不同于大多数的铝扣板是银色的金属色，欧式金黄铝扣板是以金黄色为铝扣板的主色调，然后配以欧式的花纹造型。使铝扣板吊顶具有欧式吊顶特有的奢华设计感。但这类吊顶只适合设计在欧式风格的空间，设计在其他风格的空间则会显得突兀。

预算估价

欧式金黄铝扣板的市场价格在135~160元/m²。

3 桑拿板吊顶

桑拿板具有易于安装、拥有天然木材的优良特性、纹理清晰、环保性好、不变形等，而且优质的进口桑拿板材经过防腐、防水处理后具有耐高温、易于清洗的优点，而且视觉上也打破了传统的吊顶视觉感。使卫生间的空间设计更具自然气息。

预算估价

桑拿板吊顶的市场价格在90~120元/m²。

4 花纹图案PVC扣板吊顶

花纹图案是最常见的PVC扣板样式，色彩上还是以乳白色为主，然后在花纹图案上进行变化，产生多样化的选择。设计在卫生间具有良好的防水性能，也便于顶面的维修。

预算估价

花纹图案PVC扣板的市场价格在60~100元/m²。

5 防水石膏板吊顶

顶面使用具有良好防水性能的石膏板设计吊顶造型，然后表面涂刷防水乳胶漆。这种卫生间的吊顶形式是最具设计感的，而且容易搭配整体居室的装修风格，一般使用在高档的家居设计中，如别墅或大平层的卫生间。

预算估价

防水石膏板的市场价格在30~55元/张。

卫生间的墙面与地面预算

1 局部马赛克墙面

卫生间的局部马赛克墙面设计是在大面积上粘贴瓷砖，然后在马桶背后、淋浴房墙面粘贴样式精美的马赛克。装修出来的空间具有精致的设计感，使卫生间也具有丰富的设计元素。

预算估价

马赛克的市场价格在150~200元/m^2。

2 大理石墙面

适合设计在高档的装修中，在卫生间的全部墙面粘贴纹理自然连贯的大理石。从视觉上看，卫生间的墙面就像是由一整块石材组成的，设计感十足。大理石墙面在卫生间墙面的清洁上也存在优势，即经过无缝隙的工艺处理，使水渍与灰尘都更好地清理。

预算估价

啡网纹大理石的市场价格在250~400元/m^2。

3 凹凸纹瓷砖墙面

瓷砖的表面触摸起来有明显的凹凸感，在卫生间的粘贴形式通常是斜向45度的粘贴，然后会延伸到红砖砌筑的洗手台。

预算估价

凹凸纹瓷砖的市场价格在90~160元/m^2。

4 马赛克整铺地面

适合空间较小的卫生间，地面全部采用带有一定设计样式的马赛克造型。铺设过后的卫生间极具视觉冲击力，使卫生间的设计丝毫不逊色于客餐厅空间。但地面铺贴马赛克对施工工艺的水准要求较高，在铺贴前，需要选好施工队。

预算估价

符合地面铺贴要求的马赛克的市场价格在160~220元/m^2。

5 防滑地砖

卫生间需要经常用水，难免会在地面留下水渍，在上面行走容易滑倒，因此铺设防滑地砖是卫生间不错的选择。防滑地砖从尺寸上、图案纹路上有多种选择，可根据居室的设计风格进行选择。但防滑地砖也有较明显的缺点，即积落在凹陷处的灰尘不容易清洁。

预算估价

防滑地砖的市场价格在95~165元/m^2。

卫生间预算实例解析

1 施工图样

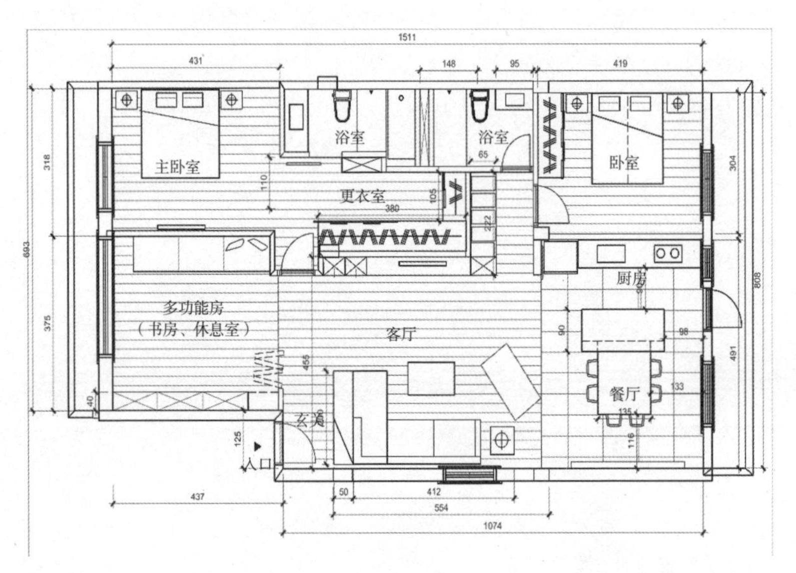

2 实景效果

3 卫生间报价单

编号	施工项目名称	单价/单位	预估总价（元）
1	地面瓷砖	185/m^2	650
2	墙面瓷砖	185/m^2	1460
3	石膏板吊顶	145/m^2	480
4	筒灯	28/个	112
5	灯带	25/m	180
6	定制洗手台	1650/项	1650
7	定制淋浴房	550/m^2	380
8	砌筑浴缸	3120/项	3120
9	马桶	1800/个	1800
10	套装门	1950/樘	1950
合计	11782元		

Chapter 4

根据预算选择材料类型

石材　　门窗

板材　　五金

地板　　开关插座

瓷砖　　橱柜

涂料　　洁具

壁纸

石材　不同材料间的价格差异巨大

预算要点

（1）天然大理石因产地与材质结构的不同，产生了多种多样的大理石纹路，在拥有众多选择性的同时，每款大理石的价格都有很大的区别。

（2）花岗岩相对于大理石来说花纹变化较为单调，因此一般较少用于室内地面铺设，而是多用于楼梯、洗手台面、橱柜面等经常使用的区域，有时也会作为大理石的收边装饰。

（3）人造石是由多种混合材质制成的，其具有坚固耐用、可定制纹理等特性。一般人造石中掺入的天然材质越多，价格也随之越高。

不同材质的大理石使预算更具多样化

大理石的主要成分是碳酸钙，其是天然大理石的固结成分。某些黏性矿物质在石材形成过程中与碳酸钙结合，从而形成绚丽的色彩。大理石的颜色千变万化，大致可分为白色、黑色、红色、绿色、咖啡色、灰色、黄色7个系列，其中变化最丰富的是黄色系，其色泽温和，令人感觉温暖而忘记石材冰冷的感觉，而且黄色代表贵气和财富，既符合流行又经久耐看，而且预算价格也并不昂贵。

▲电视机背景墙采用纹理精美的人造大理石，使客厅的设计上升了一个档次

各类大理石的市场价格

名称	特点	元/m^2
黑金沙	吸水率低，硬度高，比较适合当作过门石	160~200
莎安娜米黄	耐磨性好，不易老化，比较适合用在地面墙面	≥300
橘子玉	纹路清晰、平整度好，具有光泽，适合用在酒店等高级场所	1000~1500
红花紫玉	如天然的山水画、光泽度好、纹理千变万化，适合用作背景墙装饰	900~1500
中花白	质地细密、放射性元素低，适合用作柱子、台面装饰	≥250
红龙玉	容易加工、杂质少，适合用作台面装饰	≥200
啡网纹	品种多、质地优，光泽度好、适合用作地面装饰	≥250
金碧辉煌	硬度低、容易加工，适合用作台面装饰	≥150

TIPS:
大理石的实用小知识

（1）大理石具有花纹品种繁多、色泽鲜艳、石质细腻、吸水率低、耐磨性好的优点。

（2）大理石属于天然石材，容易吃色，若保养不当，易有吐黄、白华等现象。

（3）大理石具有很特别的纹理，在营造效果方面作用突出，特别适合现代风格和欧式风格。

（4）大理石多用在居家空间，如墙面、地面、吧台、洗漱台面及造型面等；因为大理石的表面比较光滑，不建议大面积用于卫浴地面，容易让人摔倒。

（5）大理石的价格依种类不同而略有差异，一般在150～500元/m^2，品相好的大理石可以使家居变身为豪宅。

掌握大理石选购，提升预算价值

1 查看大理石的光泽与色差

优质大理石板材的抛光面应具有镜面一样的光泽，能清晰地映出景物。而且色调基本一致、色差较小、花纹美观也是大理石优良品质的具体表现，否则会严重影响装饰效果。

2 看大理石的纹路

大理石最吸引人的是其花纹，选购时要考虑纹路的整体性，纹路颗粒越细致，代表品质越佳；若表面有裂缝，则表示日后有破裂的风险。

3 硬币敲击听声音

用硬币敲击大理石，声音较清脆的表示硬度高，内部密度也高，抗磨性较好；若是声音沉闷，就表示硬度低或内部有裂痕，品质较差。

掌握合理的施工方法，无纰漏才省钱

1 干式软底施工法

大理石铺设在地面时，多使用干式软底施工法，必须先上3～5cm的土路（水泥沙），再将石材粘贴在上面。铺设墙面时，基于防震的考量，则使用湿式施工法，施工时使用3～6cm夹板打底，粘着时会较牢靠，增加稳定度。

2 做好安装前的防护

大理石在安装前的防护十分必要，一般可分为三种方式：一是6个面都浸泡防护药水，这样做的价格较高，一般在130～1500元/m^2；二是处理5个面，底层不处理，价格在80～100元/m^2；三是只处理表面，价格在60～80元/m^2，但防护效果较差。可根据经济情况及计划使用的时间长短来选择具体的防护方式。

各类花岗岩的市场价格

名称	特点	元/m²
印度红	结构致密、质地坚硬、耐酸碱、耐气候性好。一般用于地面、台阶、踏步等处	≥200
英国棕	花纹均匀，色泽稳定，光度较好；但硬度高而不易加工，且断裂后胶补效果不好。可用于台面、门窗套、墙面等处	≥160
绿星	带有银晶片，花纹独特。可用于地面、墙面、壁炉、台面板、背景墙等的制作	≥300
蓝珍珠	带有蓝色片状晶亮光彩，产量少，价格高；可用于地面、墙面、壁炉、台面板、背景墙等的制作	≥300
黄金麻	表面光洁度高，无放射性，结构致密、质地坚硬、耐酸碱、耐气候性好。用于建筑的内、外墙壁，地面、台面等的装饰	≥200
山西黑	硬度强，光泽度高，结构均匀，纯黑发亮、质感温润雍容，是世界上最黑的花岗岩。可用于地面、墙面、台面板等的制作	≥400
金钻麻	易加工，材质较软。可用于地面、墙面、壁炉、台面板、背景墙等的制作	≥200
珍珠白	较为稀有，其矿物化学成分稳定、岩石结构致密、耐酸性强。可用于地面、墙面、壁炉、台面板、背景墙等的制作	≥200
啡钻	有类似钻石形状的大颗粒花纹，纹理独特。可用于地面、墙面、壁炉、台面板、背景墙等的制作	≥300

TIPS:

花岗岩的实用小知识

（1）花岗岩不仅具有良好的硬度，而且具备抗压强度好、孔隙率小、导热快、耐磨性好、抗冻、耐酸、耐腐蚀、不易风化等特性。

（2）花岗岩的色泽持续力强且稳重大方，比较适合古典风格和乡村风格居室。

（3）由于花岗岩中的镭放射后产生的气体——氡，长期被人体吸收、积存，会在体内形成辐射，使肺癌的发病率提高，因此花岗石不宜在室内大量使用，尤其不要在卧室、儿童房中使用。

（4）花岗岩的价格依种类不同而略有差异，一般在150～500元/m²。

各类人造大理石的市场价格		
名称	特点	元/m^2
极细颗粒	没有明显的纹路，但石材中的颗粒感极细，装饰效果非常美观；可用作墙面、窗台及家具台面或地面的装饰	≥350
较细颗粒	颗粒感比极细粗一些，有的带有仿石材的精美花纹；可用作墙面或地面装饰	≥360
适中颗粒	较常见，价格适中，颗粒感大小适中，应用较广泛；可用作墙面、窗台及家具台面或地面的装饰	≥270
有天然物质	含有石子、贝壳等天然物质，产量较少，价格比其他品种贵；可用作墙面、窗台及家具台面的装饰	≥450

人造大理石的实用小知识

（1）人造石材功能多样、颜色丰富、造型百变，应用范围更广泛；没有天然石材表层的细微小孔，因此不易残留灰尘。

（2）人造石由于为人工制造，因此纹路不如天然石材自然，不适合用于户外，易褪色，表层易腐蚀。

（3）人造石材的花纹及样式较为丰富，因此可以根据空间风格选择适合的人造石材进行装点。

（4）人造石材常常被用于台面装饰，但由于人造石材的硬度比大理石略硬，因此也很适合用于地面铺装及墙面装饰。

（5）人造石材的价格依种类不同而略有差异，一般在200～500元/m^2。

掌握人造大理石选购，提升预算价值

1 眼睛看

看样品颜色是否清纯不混浊，通透性好，表面无类似塑料的胶质感，板材反面无细小气孔。一般质量好的人造大理石，其表面颜色比较清纯，板材背面不会出现细小的气孔。

2 用手摸、指甲划

优质的人造大理石表面会有很明显的丝绸感，而且表面非常的平整，而劣质的则没有。优质的人造大理石，用指甲划，是不会有明显的划痕的。

3 相互敲击

可以选择有线条的两块人造大理石，进行相互敲击，如果很容易碎，那么就是劣质的，反之，则证明质量较好。

4 测渗透性

可采用酱油测试台面渗透性，无渗透为优等品；采用食用醋测试是否添加有碳酸钙，不变色、无粉末为优等品；采用打火机烧台面样品，阻燃、不起明火为优等品。

掌握合理的施工方法，无纰漏才省钱

1 采用专业人造石粘贴剂

人造石吸水率低、热膨胀系数大，表面光滑难以粘贴，采用传统水泥砂浆粘贴若处理不当，容易出现水斑、变色等问题。可使用专业的人造石粘贴剂来替代水泥砂浆施工，为避免以上问题，在监工时一定要注意这一点。

2 施工前检查基底是否平整

在施工前，要重视基底，这一环节关系到安装后的质量，基底层应结实、平整、无空鼓，基面上应无积水、无油污、无浮尘、无脱模剂，结构无裂缝和收缩缝。

3 石材间保留缝隙

若将人造石作为地砖使用，在铺设时需要注意留缝，缝隙的宽度至少要达到2mm，为材料的热胀冷缩预留空间，避免起鼓、变形。

板材

预算价格取决于用材的不同

预算要点

（1）木纹饰面板的预算价格不同，主要原因在于其丰富的木饰面材料变化。价格较高的如枫木、花梨木等，价格较便宜的如水曲柳、榉木等。

（2）木纹饰面板在家庭装修中有广泛的应用，如墙面造型、衣帽柜等。因此，木纹饰面板的应用不同，预算的总造价也会随之改变。

（3）石膏板是最具性价比的板材，常应用在空间内的吊顶、墙面造型等处。

（4）石膏板因使用空间的不同，有防水石膏板与防火石膏板的区别，但彼此之间的预算价格区别并不明显。

关注板材预算更要关心甲醛含量

家庭装修只能使用E0级或者E1级的板材。如果使用E2级的板材，即使是合格产品，其甲醛含量也可能要超过E1级板材3倍多，所以绝对不能用于家庭装饰装修。使用中要对不能进行饰面处理的板材进行净化和封闭处理，特别是在背板、各种柜内板和暖气罩内等，可使用甲醛封闭剂、甲醛封闭蜡，以及消除和封闭甲醛的气雾剂等，在装修的同时使用效果最好，一般100㎡左右的居室使用板材不要超过20张。

▲空间内的整体衣柜、敞开式的鞋柜，都运用到了多种板材。例如，衣柜的内部材质通常使实木颗粒板的板材，而柜门则是实木材质的板材。

各类木纹饰面板的市场价格

名称	特点	元/m^2
榉木	榉木分为红榉和白榉，纹理细而直或带有均匀点状。木质坚硬、强韧，干燥后不易翘裂，透明漆涂装效果颇佳。可用于壁面、柱面、门窗套及家具饰面板	≥200
水曲柳	水曲柳分为水曲柳山纹和水曲柳直纹。呈黄白色，结构细腻，纹理直而较粗，胀缩率小，耐磨抗冲击性好	≥160
胡桃木	常见的有红胡桃、黑胡桃等，在涂装前要避免表面划伤泛白，涂刷次数要比其他木饰面板多1～2道。透明漆涂装后纹理更加美观，色泽深沉稳重	≥300
樱桃木	装饰面板多为红樱桃木，暖色赤红，合理使用可营造高贵气派的感觉。价格因木材产地差距比较大，进口板材效果突出，价格昂贵	≥300
柚木	柚木包括缅甸柚木、泰柚两种，质地坚硬，细密耐久，耐磨耐腐蚀，不易变形，胀缩率是木材中最小的一种	≥200
枫木	枫木可分直纹、山纹、球纹、树榴等，花纹呈明显的水波纹，或呈细条纹。乳白色，色泽淡雅均匀，适用于各种风格的室内装饰	≥400
橡木	橡木可分为直纹和山纹，花纹类似于水曲柳，但有明显的针状或点状纹。有良好的质感，质地坚实，使用年限长，档次较高	≥200
花梨木	花梨木可分为山纹、直纹、球纹等，颜色黄中泛白，饰面用仿古油漆别有一番风味，非常适合用在中式风格的居室内	≥200
沙比利	沙比利可分为直纹沙比利、花纹沙比利、球形沙比利。加工比较容易，上漆等表面处理的性能良好，特别适用于复古风格的居室	≥300

TIPS: 木纹饰面板的实用小知识

（1）木纹饰面板具有花纹美观、装饰性好、真实感强、立体感突出等特点，是目前室内装饰装修工程中常用的一类装饰面材。

（2）木纹饰面板一定要选择甲醛释放量低的板材。

（3）木纹饰面板的种类众多，色泽与花纹都有很多选择，因此各种家居风格均适用。

（4）木纹饰面板在装修中起着举足轻重的作用，使用范围非常广泛，门、家具、墙面上都会用到，还可用作墙面、木质门、家具、踢脚线等部位的表面饰材。

（5）由于木纹饰面板的品质众多，产地不一，因此价格差别较大，从几十元到上百元的板材均有很多选择。

掌握木纹饰面板选购，提升预算价值

1 看贴面的厚薄程度

观察贴面（表皮），看贴面的厚薄程度，越厚的性能越好，油漆后实木感越真、纹理也越清晰、色泽鲜明、饱和度好。

2 根据表面纹理判断

天然板和科技板的区别：前者为天然木质花纹，纹理图案自然变异性比较大、无规则；而后者的纹理基本为通直纹理，纹理图案有规则。

3 饰面板的表面光滑度

表面应光洁、无明显瑕疵、无毛刺沟痕和刨刀痕；表面有裂纹裂缝，节子、夹皮，树脂囊和树胶道的尽量不要选择。

4 胶水的黏合程度

应无透胶现象和板面污染现象；无开胶现象，胶层结构稳定。要注意表面单板与基材之间、基材内部各层之间不能出现鼓包、分层现象。

5 严格掌控甲醛含量

要选择甲醛释放量低的板材。可用鼻子闻，气味越大，说明甲醛释放量越高，污染越厉害，危害性越大。

TIPS:

掌握木纹饰面板的粘贴方法

使用木纹饰面板作柜体层板时，要注意饰面板的方向，以免变形；另外要注意贴边皮的收缩问题，宜选用较厚的饰面板，在不影响施工的情况下，用较厚的皮板或较薄的夹板底板，避免产生变形。木纹饰面板在墙面施工时，要注意纹路上下要有正片式的结合，纹路的方向性要一致，避免拼凑的情况发生，影响美观。

各类石膏板的市场价格		
名称	特点	元/m²
平面石膏板	干燥环境中的吊顶、墙面造型、隔墙的制作；长2400mm、宽1200mm、高9.5mm	40~105
浮雕石膏板	干燥环境中吊顶、墙面造型及隔墙的制作；可根据具体情况定制加工	85~135
防水石膏板	适用于卫浴间等潮湿环境中的吊顶及隔墙制作；长2400mm、宽1200mm、高9.5mm	55~105
防火石膏板	适用于厨房等易燃环境中的吊顶及隔墙制作；长2400mm、宽1200mm、高9.5mm	55~105
穿孔石膏板	用于干燥环境中吊顶造型的制作；长2400mm、宽1200mm、高9.5mm	40~105

TIPS:

石膏板的实用小知识

（1）石膏板具有轻质、防火、加工性能良好等优点，而且施工方便、装饰效果好。

（2）石膏板受潮会产生腐化，且表面硬度较差，易脆裂。

（3）不同品种的石膏板使用的部位也不同。如普通纸面石膏板适用于无特殊要求的部位，像室内吊顶等；耐水纸面石膏板因其板芯和护面纸均经过了防水处理，所以适用于湿度较高的潮湿场所，如卫浴等。

（4）石膏板的价格低廉，一般为40～150元/张。

掌握石膏板选购，提升预算价值

1 石膏板的纸面质量是关键

纸面好坏直接决定石膏板的质量，优质纸面石膏板的纸面轻且薄，强度高，表面光滑没有污渍，韧性好。劣质板材的纸面厚且重，强度差，表面可见污点，易碎裂。

2 看石膏板的整体颜色

高纯度的石膏芯主料为纯石膏，质量较差的石膏芯则含有很多有害物质，从外观看，好的石膏芯颜色发白，劣质的则发黄，颜色暗淡。

3 利用刀片划纸层表面

用壁纸刀在石膏板的表面画一个“X”，在交叉的地方撕开表面，优质的纸层不会脱离石膏芯，而劣质的纸层可以撕下来，使石膏芯暴露出来。

4 比较石膏板的重量

相同大小的板材，优质的纸面石膏板通常比劣质的要轻。可以将小块的板材泡到水中进行检测，相同的时间里，最快掉落水底的板材质量最差，浮在水面上的则质量较好。

5 了解石膏板的质检方式

石膏板的检验报告有一些是委托检验，委托检验可以特别生产一批板材送去检验，并不能保证全部板材的质量都是合格的。而还有一种检验方式是抽样检验，是不定期地对产品进行抽样检测，有这种的报告的产品质量更具保证。

TIPS:

石膏板间应留有缝隙

对石膏板进行施工时，面层拼缝要留3mm的缝隙，且要双边坡口，不要垂直切口，这样可以为板材的伸缩留下余地，避免变形、开裂。纸面石膏板必须在无应力状态下进行安装，要防止强行就位。安装时用木作临时支撑，并使板与骨架压紧，待螺钉固定完后，才可撤出支撑。安装固定板时，应从板中间向四边固定，不可以多点同时作业，固定完一张后，再按顺序安装固定另一张。

地板 稀有的木材使预算价格更高

预算要点

（1）实木地板取材于天然的实木材质，具有良好的环保性能。实木地板市场价格是随着采用的实木材质而变化的，一般稀缺木种或进口木材的实木地板价格较高。

（2）实木复合地板的预算价格越高，其胶合质量便越好，闻起来也没有刺鼻的异味。

（3）实木复合地板的耐磨度与使用寿命是最好的，且价格也没有实木地板那样高，是最具性价比的木地板。

（4）强化复合地板不局限于木材的纹理是其一大优点，而且价格较低廉。可以很好地节省地板的整体预算支出。

根据预算空间选择木地板的强度

一般来讲，木材密度越高，强度也越大，质量越好，价格当然也越高。但不是家庭中所有空间都需要高强度的实木地板，客厅、餐厅等这些人流活动大的空间可选择强度高的品种，如巴西柚木、杉木等；而卧室则可选择强度相对低些的品种，如水曲柳、红橡、山毛榉等；而老人住的房间则可选择强度一般，却十分柔和温暖的柳桉、西南桦等。

▲地板的色调很好地融合了书房内的整体色调，获得统一的视觉感。且实木地板良好的质量也不怕椅子刮划

各类实木地板的市场价格

名称	特点	元/m²
泰国柚木实木地板	整体成浅色调，且地板的纹理纤细且细腻，容易提升空间的奢华气息	290~340
琥珀橡木实木地板	地板的纹理感并不强，是由星星点点的短纹组成的。	260~300
白蜡木实木地板	地板整体呈浅米色，纹理感自然且比较规律的排列	390~440
美国樱桃木实木地板	颜色呈浅红色，纹理细腻多变但不明显，使地板更显整体性	260~320
沙比利实木地板	地板是鲜艳的大红色，纹理较少	360~400
香脂木豆实木地板	地板呈深红色，纹理较粗犷但不明显	200~240

TIPS:

实木地板的实用小知识

（1）实木地板基本保持了原料自然的花纹，脚感舒适、使用安全是其主要特点，且具有良好的保温、隔热、隔音、吸声、绝缘性能。

（2）实木地板的缺点为难保养，且对铺装的要求较高，一旦铺装不好，会造成一系列问题，如有声响等。

（3）实木地板基本适用于任何家庭装修的风格，但用于乡村、田园风格更能凸显其特征。

（4）实木地板主要应用于客厅、卧室、书房空间的地面铺设。

（5）实木地板因木料不同，价格上也有所差异，一般在400～1000元/m²，较适合高档装修的家庭。

掌握实木地板选购，提升预算价值

1 检查地板表面是否有缺陷

要检查基材的缺陷。看地板是否有死节、开裂、腐朽、菌变等缺陷；并查看地板的漆膜光洁度是否合格，有无气泡、漏漆等问题。

2 学会识别木地板材种

有的厂家为促进销售，将木材冠以各式各样不符合木材学的美名，如“金不换”“玉檀香”等；更有甚者，以低档充高档木材，购买者一定要学会辨别。

3 观察木地板的精度

一般木地板开箱后可取出10块左右徒手拼装，观察企口咬合，拼装间隙，相邻板间高度差。若严格合缝，手感无明显高度差即可。

4 计划出地板损耗量

购买时应多买一些作为备用。一般20㎡房间材料损耗在1㎡左右，所以在购买实木地板时，不能按实际面积购买，以防止日后地板的搭配出现色差等问题。

常见实木地板的色泽及纹理

硬度、色泽及纹理		实木地板品种
硬度	中等硬度	柚木、印茄（菠萝格）、香茶茱萸（芸香木）
	软木	水曲柳、桦木
色泽	浅色	加枫木、水青冈（山毛榉）、桦木
	深色	香脂木豆（红檀香）、紫檀、柚木、棘黎木（乔木树参、玉檀香）
纹理	粗纹	柚木、柞木、甘巴豆、水曲柳
	细纹	水青冈、桦木

各类实木复合地板的市场价格

名称	特点	元/m²
欧洲橡木实木复合地板	整体成浅白色，纹理延伸的方向没有一定的规律，且纹理的质感十分明显	180~240
桦木实木复合地板	地板的纹理像波浪一样弯曲蔓延，色调呈白色	160~200
圆盘豆实木复合地板	地板呈咖啡色，纹理的色调较深，也比较明显。具有凹凸的硬朗质感	180~220
红橡木实木复合地板	地板纹理的颜色比地板的整体色调要深，且略有些泛红	160~190
非洲花梨木实木复合地板	地板的纹理像金丝一样有富贵的质感，且表面光洁明亮	210~320
海棠木实木复合地板	地板呈棕红色且无明显的木纹理	180~210

TIPS:
实木复合地板的实用小知识

（1）实木复合地板的加工精度高，具有天然木质感、容易安装维护、防腐防潮、抗菌等优点，并且相较于实木地板更加耐磨。

（2）实木复合地板如果胶合质量差会出现脱胶现象；另外实木复合地板表层较薄，生活中必须重视维护保养。

（3）实木复合地板的颜色、花纹种类很多，因此可以根据家居风格来选择。

（4）实木复合地板和实木地板一样适合客厅、卧室和书房的使用，厨卫等经常沾水的地方少用为好。

（5）实木复合地板价格可以分为几个档次，低档的板价位在100～300元/m²；中等的价位在150～300元/m²；高档的价位在300元/m²以上。

掌握实木复合地板选购，提升预算价值

1 看地板的表层厚度

实木复合地板表层厚度决定其使用寿命，表层板材越厚，耐磨损的时间就长，欧洲实木复合地板的表层厚度一般要求到4mm以上。

2 了解地板的夹层用材

实木复合地板分为表、芯、底三层。表层为耐磨层，应选择质地坚硬、纹理美观的品种；芯层和底层为平衡缓冲层，应选用质地软、弹性好的品种。

3 地板的拼接严密度

选择实木复合地板时，一定要仔细观察地板的拼接是否严密，相邻地板应无明显高低差。

4 木器漆的质量

高档次的实木复合地板，应采用高级UV哑光漆，这种漆是经过紫外光固化的，其耐磨性能非常好，一般可以使用十几年无须上漆。

TIPS:

实木复合地板的4种铺装方法

龙骨铺装法，也就是木龙骨和塑钢龙骨铺装方法，需要做木龙骨；悬浮铺装法，采用防潮膜或者防潮垫来安装，是目前比较流行的方式；直接粘贴法，即环保地板胶铺装法；另外还包括毛地板龙骨法，即先铺好龙骨，然后在上面铺设毛地板，将毛地板与龙骨固定，再将地板铺设于毛地板之上，这种铺设方法适合各种地板。实木复合地板安装完之后，需要注意验收，主要包括查看实木复合地板表面是否洁净、无毛刺、无沟痕、边角无缺损，漆面是否饱满、无漏漆，铺设是否牢固等问题。

各类强化复合地板的市场价格		
名称	特点	元/m^2
布艺纹强化复合地板	地板的表面纹理具有布艺织物一样的视觉效果	90~160
光影年轮强化复合地板	地板的表面像由一块块树桩的年轮拼接而成，整体色调深沉	160~200
旧木纹强化复合地板	表面采用做旧的工艺手法，使地板看起来具有古朴的质感	100~170
红檀木强化复合地板	整体呈棕红色，且具有红檀木一样的真实纹理	80~140
香樟木强化复合地板	属于浅色系地板，其木纹理充满变化性	70~120
松木强化复合地板	地板的纹理比较粗犷，表面偶尔有节疤的形状	90~150

TIPS:

强化复合地板的实用小知识

（1）强化复合地板具有应用面广，无须上漆打蜡，日常维修简单，使用成本低等优势。

（2）强化复合地板的缺点为水泡损坏后不可修复，另外脚感较差。

（3）强化复合地板较适合用于简约风格的家居风格。

（4）强化复合地板的应用空间和实木地板、实木复合地板基本相同，较适合家居中的客厅、卧室等，不太适用于厨卫。

（5）强化复合地板的价格区间较大，28～280元/m^2的均有，质量中上等的价格在90元/m^2以上。

瓷砖　预算高低取决于工艺的复杂程度

预算要点

（1）玻化砖是各类瓷砖中光洁度最好的瓷砖，其市场价格也相对平均，适合各个阶层的人使用。

（2）仿古砖与玻化砖恰好相反。其具有鲜明的凹凸纹理，且具有很好的防滑效果。

（3）釉面砖的图案纹理比较丰富，而根据图案制作工艺的难易程度，价格也有较大的差别。

（4）马赛克的取材范围广、图案样式多样，具有极强的装饰性。其中以贝壳马赛克、金属马赛克等材质的价格为高。

掌握瓷砖粘贴尺寸，合理控制预算支出

瓷砖适合墙面及地面使用，有不同的尺寸，可以根据空间的面积来选择砖体的大小。通常来说大空间适合选择大块的砖，小面积适合铺贴小块砖，整体效果才会显得协调。例如，100㎡以下的室内空间适合选择尺寸为300mm×600mm的砖体，而100㎡以上的室内空间则适合选择600mm×600mm以上尺寸的砖体。另外，卫浴中因需要倾斜一定的角度以利于排水，所以适合选择小块砖，比较容易铺贴。

▲卫生间墙地砖选择同一系列的产品，使得空间的设计极具美感

各类瓷砖的市场价格

1 玻化砖

玻化砖是所有瓷砖中最硬的一种，在吸水率、边直度、弯曲强度、耐酸碱性等方面都优于普通釉面砖、抛光砖及一般的大理石。玻化砖适用于玄关、客厅等人流量较大的空间地面铺设，不太适用于厨房这种油烟较大的空间。

预算估价

玻化砖的价格差异较大，40～500元/㎡均有。

2 釉面砖

釉面砖的色彩图案丰富、规格多；防渗，可无缝拼接、任意造型，韧度非常好，基本不会发生断裂现象。由于釉面砖表面可以烧制各种花纹图案，风格比较多样，因此可以根据家居风格进行选择。釉面砖的应用非常广泛，但不宜用于室外，因为室外的环境比较潮湿，釉面砖就会吸收水分产生湿胀。釉面砖主要用于室内的厨房、卫浴等墙面和地面。

预算估价

釉面砖的价格和玻化砖的价格基本持平，在40～500元/㎡。

3 仿古砖

仿古砖技术含量要求相对较高，数千吨液压机压制后，再经千摄氏度高温烧结，使其强度高，具有极强的耐磨性，经过精心研制的仿古砖兼具了防水、防滑、耐腐蚀等特性。仿古砖适用于客厅、厨房、餐厅等空间的同时，也有适合厨卫等区域使用的小规格砖。

预算估价

仿古砖的价格差异较大，一般的在15～450元/块，而进口仿古砖还会达到每块上千元。

4 全抛釉瓷砖

全抛釉瓷砖的优势在于花纹出色，不仅造型华丽，色彩也很丰富，且富有层次感，格调高。全抛釉瓷砖的缺点为防污染能力较弱；其表面材质太薄，容易刮花划伤，容易变形。全抛釉瓷砖的种类丰富，适用于任何家居风格；因其丰富的花纹，特别适合欧式风格的家居环境。全抛釉瓷砖运用于客厅、卧室、书房、过道的墙地面都非常适合。

预算估价

全抛釉瓷砖的价格比其他瓷砖略高，大致在120～450元/㎡。

掌握各类瓷砖选购，提升预算价值

1 敲击玻化砖听声音

敲击玻化砖，若声音浑厚且回音绵长如敲击铜钟之声，则为优等品；若声音混哑，则质量较差。然后在同一型号且同一色号范围内随机抽样不同包装箱中的产品若干，在地上试铺，站在3m之外仔细观察，检查产品色差是否明显，砖与砖之间缝隙是否平直，倒角是否均匀。

2 检查釉面砖是否有开裂现象

在光线充足的环境中把釉面砖放在离视线0.5m的距离外，观察其表面有无开裂和釉裂，然后把釉面砖反转过来，看其背面有无磕碰情况，但只要不影响正常使用，有些磕碰也是可以的。

3 了解仿古砖的硬度与耐磨度

硬度直接影响仿古砖的使用寿命，选购时了解这一点尤为重要。可以用敲击听声的方法来鉴别，声音清脆的就表明内在质量好，不易变形破碎，即使用硬物划一下砖的釉面也不会留下痕迹。

4 手触摸全抛釉瓷砖的表面细腻度

全抛釉最突出的特点是光滑透亮，单个光泽度值高达104，釉面细腻平滑，色彩厚重或绚丽，图案细腻多姿。鉴别时，要仔细看整体的光感，还要用手轻摸感受质感。全抛釉瓷砖也要测吸水率、听敲击声音、刮擦砖面、细看色差等，鉴别方法与其他瓷砖基本一致。

5 观察木纹砖的整体效果

木纹砖与地板一样，单块的色彩和纹理并不能够保证与大面积铺贴完全一样，因此在选购时，可以先远距离观看产品有多少面是不重复的、近距离观察设计面是否独特，而后将选定的产品大面积摆放，感受铺贴效果是否符合预想的效果，再进行购买。

6 观察金属砖的断裂处

金属砖以硬底良好、韧性强、不易碎为上品。仔细观察残片断裂处是细密还是疏松，色泽是否一致，是否含有颗粒。以残片棱角互划，是硬、脆还是较软，是留下划痕还是散落粉末，如为前者，则该金属砖即为上品，后者则为下品。品质好的金属砖釉面应均匀、平滑、整齐、光洁、亮丽，色泽一致。光泽釉应晶莹亮泽，无光釉的应柔和、舒适。如果表面有颗粒，不光洁，颜色深浅不一，厚薄不匀甚至凹凸不平，呈云絮状，则为下品。

各类马赛克的市场价格

名称	特点	元/m²
贝壳马赛克	色泽美观、天然，防水性好，但硬度低，不能用于地面；深海中的贝壳及人工养殖的贝壳	500~1000
陶瓷马赛克	最传统的一种马赛克，以小巧玲珑著称，但较为单调，档次较低；主料为陶瓷，经高温窑烧而成	90~450
玻璃马赛克	玻璃马赛克耐酸碱、耐腐蚀、不褪色，是最适合装饰卫浴墙地面的建材；由天然矿物质和玻璃粉制成，是安全、杰出的环保材料	90~450
夜光马赛克	夜光马赛克可在夜晚时发光，兼具照明效果，价格较贵；添加了蓄光型发光材料制作而成	500~1000
金属马赛克	金属马赛克拥有冰冷、坚硬的金属光泽，通常用于客厅、卧室的主题墙，在灯光的照耀下熠熠发光，很有个性；由不同金属材料制成的一种特殊马赛克，有光面和亚光面两种类型	600~2000

TIPS:

马赛克的实用小知识

（1）马赛克具有防滑、耐磨、不吸水、耐酸碱、抗腐蚀、色彩丰富等优点。

（2）马赛克的缺点为缝隙小，较易藏污纳垢。

（3）马赛克适用的家居风格广泛，尤其擅长营造不同风格的家居环境，如玻璃马赛克适合现代风情的家居；而陶瓷马赛克适合田园风格的家居等。

（4）马赛克适用于厨房、卫浴、卧室、客厅等。如今马赛克可以烧制出更加丰富的色彩，也可用各种颜色搭配拼贴成自己喜欢的图案，所以也可以镶嵌在墙上作为背景墙。

（5）马赛克的价格依材质不同而有很大差距，一般的马赛克价格为90～450元/㎡，品质好的马赛克价格可达到500～1000元/㎡。

掌握马赛克选购，提升预算价值

1 观察马赛克是否有裂痕

在自然光线下，距离马赛克0.5m目测有无裂纹、疵点及缺边、缺角现象，如内含装饰物，其分布面积应占总面积的20%以上，且分布均匀。

2 看马赛克的背面纹路

马赛克的背面应有锯齿状或阶梯状沟纹。选用的胶黏剂除保证粘贴强度外，还应易清洗。此外，胶黏剂还不能损坏背纸或使玻璃马赛克变色。

3 了解马赛克的厚度

抚摩其釉面可以感觉到防滑度，然后看厚度，厚度决定密度，密度高吸水率才低，吸水率低是保证马赛克持久耐用的重要因素，可以把水滴到马赛克的背面，水滴不渗透的质量好，往下渗透的质量差。另外，内层中间打釉的通常是品质好的马赛克。

4 单片马赛克的颗粒间隙

选购时要注意颗粒之间是否同等规格、是否大小一样，每个颗粒边沿是否整齐，将单片马赛克置于水平地面检验是否平整，单片马赛克背面是否有过厚的乳胶层。

TIPS:

马赛克的粘贴技巧

马赛克在施工时要确定施工面平整且干净，打上基准线后，再将水泥（白水泥）或黏合剂平均涂抹于施工面上。依序将马赛克贴上，每张之间应留有适当的空隙。每贴完一张即以木条将马赛克压平，确定每处均压实且与黏合剂充分结合。之后用工具将填缝剂或原打底黏合剂、白水泥等充分填入缝隙中。最后用湿海绵将附着于马赛克上多余的填缝剂清洗干净，再以干布擦拭，即完成施工步骤。

涂料 最具性价比的装饰材料

预算要点

（1）乳胶漆是家庭装修中占比最多的装饰涂料，其有多种的色彩搭配组合，而相对的价格却较低廉。

（2）木器漆与金属漆分别涂刷在木材上与金属材料上，但相比较而言，金属漆的价格略低于木器漆的价格。

（3）硅藻泥具有多种的样式选择，涂刷在墙面，带给空间立体的质感。其市场价格相对乳胶漆略高，但却比石材等墙面造型划算。

（4）艺术涂料有不同的系列，涂刷在墙面上可产生不同的设计效果，但价格却十分低廉，是具有较高性价比的装饰涂料。

利用预算低廉的涂料营造居室风格

室内装饰中，涂料可谓是最常用到的、最具性价比的材料，无论何种风格的居室都可以利用涂料轻易展现出其特征。例如，现代风格的居室一般采用低彩度、高明度的色彩，如灰白色、米黄色和浅棕色，这样处理不易使人感到视觉疲劳，同时可提高与家具色调的适应性；喜欢时尚感的业主还可以用对比色的涂料来涂刷墙面；而简约风格的居室，黑白灰三色的涂料是最为常用的。在中式风格的居室中，也可以用红色涂料来表现其风格；地中海风格中，蓝白色涂料可以轻松打造出一个充满海洋气息的家居环境。

▲满墙涂刷有色涂料，不仅可以节省大量的墙面造型预算，还可提升空间的温馨感

各类涂料的市场价格

1 乳胶漆

乳胶漆具有无污染、无毒、无火灾隐患，易于涂刷、干燥迅速，漆膜耐水、耐擦洗性好，色彩柔和等优点。乳胶漆的色彩丰富，可以根据自身喜好调整颜色，涂刷出各种家居风格。并且应用广泛，可用作建筑物外墙及室内空间中墙面、顶面的装饰。

预算估价

乳胶漆的价格差异较大，市场价格在200~1000元/桶。

2 墙面彩绘

墙面彩绘可根据室内的空间结构就势设计，掩饰房屋结构的不足，美化空间，同时让墙面彩绘和屋内的家居设计融为一体。墙面彩绘在绘画风格上不受任何限制，不但具有很好的装饰效果，可定制的画面也能体现居住者的时尚品位。墙面彩绘一般用于家居空间墙面的局部点缀，但其俏皮活泼的特性，使之在儿童房中广泛运用。

预算估价

墙面彩绘根据墙面的大小及图案的难易程度有所不同，市场价格在80~1800元/㎡。

3 木器漆

木器漆可使木质材质表面更加光滑，避免木质材质直接性被硬物刮伤或产生划痕；有效地防止水分渗入木材内部造成腐烂；有效防止阳光直晒木质家具造成干裂。木器漆适用于各种风格的家具及木地板饰面。

预算估价

木器漆根据品质的区别，市场价格在180~900元/桶。

4 金属漆

金属漆的漆膜坚韧、附着力强，具有极强的抗紫外线、耐腐蚀性和高丰满度，能全面提高涂层的使用寿命和自洁性，但金属漆的耐磨性和耐高温性一般。金属漆具有豪华的金属外观，并可随个人喜好调制成不同颜色，在现代风格、欧式风格的家居中得到广泛使用。其不仅可以广泛应用于经过处理的金属、木材等基材表面，还可以用于室内外墙饰面、浮雕梁柱异型饰面的装饰。

预算估价

金属漆根据品质的区别，市场价格一般在50~400元/桶。

掌握涂料选购，提升预算价值

1 乳胶漆的四步选购法

用鼻子闻。真正环保的乳胶漆应是水性无毒无味的，如果闻到刺激性气味或工业香精味，就应慎重选择。

用眼睛看。放一段时间后，正品乳胶漆的表面会形成一层厚厚的、有弹性的氧化膜，不易裂；而次品只会形成一层很薄的膜，易碎，且具有辛辣气味。

用手感觉。将乳胶漆拌匀，再用木棍挑起来，优质乳胶漆往下流时会成扇面形。用手指摸，正品乳胶漆应该手感光滑、细腻。

耐擦洗。可将少许涂料刷到水泥墙上，涂层干后用湿抹布擦洗，高品质的乳胶漆耐擦洗性很强，而低档的乳胶漆只擦几下就会出现掉粉、露底的褪色现象。

2 木器漆包装是否有3C标识

要注意是否是正规生产厂家的产品，并要具备质量保证书，看清生产的批号和日期，确认产品合格方可购买。溶剂型木器漆国家已有3C的强制规定，因此在市场购买时需关注产品包装上是否有3C标识。

3 两种木器漆的选购方法

选择聚氨酯木器漆的同时应注意木器漆稀释剂的选择。通常在超市购置的聚氨酯木器漆，其包装中包含主剂、固化剂、稀释剂。

选购水性木器漆时，应当去正规的家装超市或专卖店购买。根据水性木器漆的分类，可结合自己的经济能力进行选择，如需要价格低的，一般选择第一类水性漆；要是中档以上或比较讲究的装修，则最好用第二类的或第三类水性漆。

4 查看金属漆的质量证书

观察金属漆的涂膜是否丰满光滑，以及是否由无数小的颗粒状或片状金属拼凑起来。并且，金属漆已获得ISO9002质量体系认证证书和中国环境标志产品认证证书，购买时须向商家索取。

各类硅藻泥的市场价格		
名称	特点	元/m^2
稻草泥	颗粒较大，添加了稻草，具有较强的自然气息；吸湿量较高，可达到81g/m^2	约330
防水泥	中等颗粒，可搭配防水剂使用，能用于室外墙面装饰；吸湿量中等，约为75g/m^2	约270
膏状泥	颗粒较小，用于墙面装饰中不明显；吸湿量较低，约为72g/m^2	约270
原色泥	颗粒最大，具有原始风貌；吸湿量较高，可达到81g/m^2	约300
金粉泥	颗粒较大，其中添加了金粉，效果比较奢华；吸湿量较高，可达到81g/m^2	约530

掌握硅藻泥选购，提升预算价值

1 进行吸收率测试

购买时要求商家提供硅藻泥样板，以现场进行吸水率测试，若吸水量又快又多，则产品孔质完好；若吸水率低，则表示孔隙堵塞，或是硅藻土含量偏低。

2 手触检测粘附度

用手轻触硅藻泥，如有粉末粘附，表示产品表面强度不够坚固，日后使用会有磨损情况产生。

3 引燃样品闻气味

购买时请商家以样品点火示范，若有冒出气味呛鼻的白眼，则可能是以合成树脂作为硅藻土的固化剂，遇火灾发生时，容易产生毒性气体。

各类艺术涂料的市场价格		
名称	特点	元/m^2
板岩漆系列	色彩鲜明，通过艺术施工的手法，呈现各类自然岩石的装饰效果，具有天然石材的表现力，同时又具有保温、降噪的特性；适用别墅等家居空间，颜色可以任意调试	约140
浮雕漆系列	立体质感逼真的彩色墙面涂装涂料，装饰后的墙面酷似浮雕的观感效果；适用于室内及室外已涂上适当底漆之砖墙、水泥砂浆面及各种基面的装饰涂装	约120
肌理漆系列	具有一定的肌理性，花型自然、随意，满足个性化的装饰效果，异形施工更具优势，可配合设计做出特殊造型与花纹、花色；适合应用于形象墙、背景墙、廊柱、立柱、吧台、吊顶、石膏艺术造型等的内墙装饰	约150
砂岩漆系列	耐候性佳，密着性强，耐碱优；可以创造出各种砂壁状的质感，满足设计上的美观需求；可以配合建筑物不同的造型需求，广泛应用于平面、圆柱、线板或雕刻板上	约160
真石漆系列	具有天然大理石的质感、光泽和纹理，逼真度可与天然大理石相媲美；可作为各种线条、门套线条、家具线条的饰面，也广泛应用于背景墙设计	约220
云丝漆	质感华丽、丝缎效果，可以令单调的墙体布满立体感和流动感，不开裂、起泡；适合与其他墙体装饰材料配合使用和个性形象墙的局部点缀	约130

掌握艺术涂料选购，提升预算价值

1 看粒子度

取一透明的玻璃杯，盛入半杯清水，然后取少许艺术涂料，放入玻璃杯与水一起搅动。凡质量好的艺术涂料，杯中的水仍清晰见底，粒子在清水中相对独立，没混合在一起，粒子的大小很均匀；而质量差的多彩涂料，杯中的水会立即变得混浊不清，且颗粒大小呈现分化，少部分的大粒子犹如面疙瘩，大部分的则是绒毛状的细小粒子。

2 看销售价

质量好的艺术涂料，均由正规生产厂家按配方生产，价格适中；而质量差的艺术涂料，有的在生产中偷工减料，有的甚至是个人仿冒生产，成本低，销售价格比质量好的艺术涂料便宜得多。

3 看水溶

艺术涂料在经过一段时间的储存后，其中的花纹粒子会下沉，上面会有一层保护胶水溶液。凡质量好的艺术涂料，保护胶水溶液呈无色或微黄色，且较清晰；而质量差的艺术涂料，保护胶水溶液呈混浊态，明显呈现出与花纹彩粒同样的颜色。

4 看漂浮物

凡质量好的艺术涂料，在保护胶水溶液的表面，通常是没有漂浮物的（有极少的彩粒漂浮物，属于正常）；但若漂浮物数量多，彩粒布满保护胶水涂液的表面，甚至有一定厚度，则不正常，表明这种艺术涂料的质量差。

艺术涂料与壁纸的差别

差别项目	艺术涂料	壁纸
施工工艺	涂刷在墙上，与腻子一样，完全与墙面融合在一起，其效果更自然、贴合，使用寿命更长	直接贴在墙上，是经加工后的产物
装饰效果	任意调配色彩，并且图案任意选择与设计，属于无缝连接，不会起皮、不开裂，能保持十年不变色，光线下产生不同折光效果，使墙面产生立体感，也易于清理	只有固定色彩和图案选择，属有缝连接，会起皮、开裂，时间长会发黄、褪色，难以清理
装饰部位	内外墙通用，比壁纸运用范围更广	仅限内墙，只能运用到干燥的地方，类似厨房、卫浴、地下室等空间不能运用
个性化	可按照个人的思想自行设计表达	不能添加个人主观思想元素
难易程度	其工艺很难被掌握，因此流传度不高	施工比艺术涂料简单、快捷

壁纸

装饰效果突出且不消耗预算支出

预算要点

（1）PVC壁纸是各种壁纸类别中最便宜的，并且具有良好的防水性与耐用性。

（2）纯纸壁纸的环保度高，市场价格处在中游位置，很适合粘贴在卧室、书房等空间。

（3）无纺布壁纸是各类壁纸中价格最高且最具质感的，其花纹图案有多种多样的选择，装饰效果突出。

（4）木纤维壁纸因具有长久的使用寿命，且价格不高等原因，成为各类壁纸中最具性价比的产品。

规划铺贴面积，保证壁纸采购合理不浪费

▲铺满墙面的条纹壁纸将卧室间的设计更好的融合在一起。相比较设计背景墙造型的床头，铺设壁纸更具性价比

壁纸适合使用在卧室房间或客厅的四面墙壁，根据预算及所需效果不同，选择全贴壁纸或者背景墙部分贴壁纸。由于壁纸只能竖接缝不能横接，要根据家中长、宽以及预算选择适合壁纸。壁纸用量和长宽关系很大，如家中层高2.5m，可用踢脚线弥补长度。在实际粘贴中，壁纸存在8%左右的合理损耗，大花壁纸的损耗更大，因此在采购时应留出消耗量，这样可以做到适量而不浪费。

各类壁纸的市场价格

1 PVC壁纸

PVC壁纸具有一定的防水性，施工方便，耐久性强。PVC壁纸有较强的质感和较好的透气性，能够较好地抵御油脂和湿气的侵蚀，可用在厨房和卫浴，几乎适合家居的所有空间。

预算估价

PVC壁纸的市场价格在100～400元/m²，经济型家居中广泛用到。

2 纯纸壁纸

纯纸壁纸不含PVC壁纸的化学成分，打印面纸采用高分子水性吸墨涂层，用水性颜料墨水便可以直接打印，打印图案清晰细腻，色彩还原好，可防潮、防紫外线。纯纸壁纸可以应用于客厅、餐厅、卧室、书房等空间，不适用于厨房、卫浴等潮湿空间。另外，纯纸壁纸环保性强，所以特别适合对环保要求较高的儿童房和老人房使用。

预算估价

纯纸壁纸的市场价格在200～600元/m²，比PVC壁纸的价格略高。

3 金属壁纸

金属壁纸即在产品基层上涂上一层金属，质感强，极具空间感，可以让居室产生奢华大气之感，属于壁纸中的高档产品。冷调的金属壁纸和后现代风格较为搭配，而金色的金属壁纸则适用于欧式古典风格及东南亚风格的居室。

预算估价

金属壁纸的市场价格较高，一般在200～1500元/m²，适合高档装修的家居空间。

4 木纤维壁纸

木纤维壁纸有相当卓越的抗拉伸、抗扯裂强度（是普通壁纸的8～10倍），其使用寿命比普通壁纸长。木纤维壁纸的花色繁多，适用于各种风格的家居，尤其适用于充满自然气息的田园风格。木纤维壁纸不仅环保，其防水性和防火性能也较高，因此适用于家居中的任何空间。

预算估价

木纤维壁纸的市场价格在150～1000元/m²，可以根据预算选择适合的品种。

掌握壁纸选购，提升预算价值

1 闻PVC壁纸是否有异味

PVC壁纸的环保性检查，一般可以在选购时，简单地用鼻子闻一下壁纸有无异味，如果刺激性气味较重，证明含甲醛、氯乙烯等挥发性物质较多。此外，还可以将小块壁纸浸泡在水中，一段时间后，闻一下是否有刺激性气味挥发。

2 用湿纸巾在表面擦拭PVC壁纸

检查壁纸的耐用性，可以通过检查它的脱色情况、耐脏性、防水性以及韧性等来判断。检查脱色情况，可用湿纸巾在PVC壁纸表面擦拭，看是否有掉色情况。检查耐脏性，可用笔在表面划一下，再擦干净，看是否留有痕迹。检查防水性，可在壁纸表面滴几滴水，看是否有渗入现象。

3 看纯纸壁纸是否掉色

纯纸壁纸有清新的木浆味，如果存在异味或无气味则并非纯纸；纯纸燃烧产生白烟、无刺鼻气味、残留物均为白色；纸质有透水性，在壁纸上滴几滴水，看水是否透过纸面；真正的纯纸壁纸结实，不因水泡而掉色，取一小部分泡水，用手刮壁纸表面看是否掉色。

4 点燃木纤维壁纸样本看灰烬颜色

木纤维壁纸燃烧时没有黑烟，就像烧木头一样，燃烧后留下的灰烬也是白色的；如果冒黑烟、有臭味，则有可能是PVC材质的壁纸。或者在木纤维壁纸背面滴上几滴水，看是否有水汽透过纸面，如果看不到，则说明这种壁纸不具备透气性能，绝不是木纤维壁纸。

5 检测无纺布壁纸的环保度

在购买时要注意鉴别是否为环保无纺布壁纸，主要可以采用燃烧的方法。环保型无纺布易燃烧，火焰明亮，有少量的黑色烟雾为天然纤维内的碳元素的细小颗粒；人造纤维的无纺布在燃烧时火焰颜色较浅，在燃烧过程中会有持续的灰色烟，并有刺鼻气味。

门窗 预算中必备的装修材料

预算要点

（1）实木门由全实木打造，具有真实的木制纹理与厚重感，因此其市场价格是各类木门中最高的，适合高档层次的装修。

（2）实木复合门市场价格的高低主要来自于两点，其一是造型的复杂程度，其二是实木复合门的含实木比例高低。

（3）百叶窗既是空间内的装饰，又是具有实用性的室内窗户。而且其市场价格并不高，适合大多数的家庭使用。

（4）气密窗是室内常用的阻隔户外的窗户，其具有良好的密封性与防水性，是具有较高性价比的窗户。

套装门的厚度决定了预算高低

在比较套装门价格的时候，一定要参照厚度来比较。套装门的厚度不一，价格区别是很大的。套装门的雕刻工艺在价格中占很大比例。雕花复杂漂亮的，可以使门的价格轻易翻倍。雕花简单潦草的，显然不是大厂家生产的，就不值店家吹嘘的那么多钱了。当然，也有顾客自己喜欢花饰简单的，这样最好，省钱。花纹越简单的套装门价格越便宜。

▲套装门设计时可参照墙面的造型，使套装门与墙面设计为一个整体。一般适用于欧式风格，且门的造价较高

各类套装门的市场价格

1 实木门

实木门可以为家居环境带来典雅、高档的氛围，因此十分适合欧式古典风格和中式古典风格的家居设计。经实木加工后的成品实木门具有不变形、耐腐蚀、隔热保温、无裂纹等特点。此外，实木具有调温调湿的性能，吸声性好，从而有很好的吸声隔音作用。实木门可以用于客厅、卧室、书房等家居中的主要空间。

预算估价

实木门的市场价格一般在2500元/樘以上，比较适合高档装修的家居。

2 实木复合门

实木复合门充分利用了各种材质的优良特性，避免采用成本较高的珍贵木材，有效地降低了生产成本。除了良好的视觉效果外，还具有隔音、隔热、强度高、耐久性好等特点。实木复合门由于表面贴有密度板等材料，因此怕水且容易破损。因实木复合门的造型、色彩多样，可以应用于任何家居风格。并且较适合应用于客厅、餐厅、卧室、书房等家居空间。

预算估价

实木复合门比实木门的市场价格略低，一般在1600元/樘。

3 模压门

模压门的价格低，却具有防潮、膨胀系数小、抗变形的特性，使用一段时间后，不会出现表面龟裂和氧化变色等现象。模压门的门板内为空心，隔音效果相对实木门较差；门身轻，没有手感，档次低。因模压门的造型一般比较简洁，因此比较适合现代风格和简约风格的家居。模压门广泛应用于家居中的客厅、餐厅、书房、卧室等空间。

预算估价

一般模压门连门套在内的市场价格在750~800元/樘，受到中等收入家庭的青睐。

4 玻璃推拉门

根据使用玻璃品种的不同，玻璃推拉门可以起到分隔空间、遮挡视线、适当隔音、增加私密性、增加空间使用弹性等作用。玻璃推拉门在现代风格的空间中较常见。

预算估价

玻璃推拉门的市场价格一般大于200元/m^2，材料越好、越复杂的越贵。

掌握套装门选购，提升预算价值

1 实木门的纹理自然感

触摸感受实木门漆膜的丰满度，漆膜丰满说明油漆的质量好，对木材的封闭好；可以从门斜侧方的反光角度，看表面的漆膜是否平整，有无橘皮现象，有无凸起的细小颗粒。然后看实木门表面的平整度，如果实木门表面平整度不够，说明选用的是比较廉价的板材，环保性能也很难达标。

2 检查实木复合门运用实木的比例

在选购实木复合门时，要注意查看门扇内的填充物是否饱满。观看实木复合门边刨修的木条与内框连接是否牢固，装饰面板与门框粘结应牢固，无翘边和裂缝。实木复合门板面应平整、洁净、无节疤、无虫眼，无裂纹及腐斑，木纹应清晰，纹理应美观。

3 了解模压门的胶水环保度

首先看加工后的塑形。好的机器加工出来的模压门边角应该是均匀，无多余的角料，没有空隙出来的。边角处理不好容易膜皮卷边，加工车间应该是无尘作业，这样塑型后表面就不会有颗粒状凹凸了。其次胶水一定要环保，不好的胶水容易造成模压门的膜皮起泡、脱落、卷边。在选择模压门时可以用手指甲用点力抠一下PVC膜与板材粘压的部分，做工好的(包括背胶及粘压胶水好的)模压门不会出现稍微一用力就会抠下来的现象。

4 玻璃推拉门的密封性与轮底质量

先检查密封性。目前市场上有些品牌的推拉门底轮是外置式的，因此两扇门滑动时就要留出底轮的位置，这样会使门与门之间的缝隙非常大，密封性无法达到规定的标准。然后看轮底质量。只有具备超大承重能力的底轮才能保证良好的滑动效果和超常的使用寿命。承重能力较小的底轮一般只适合做一些尺寸较小且门板较薄的推拉门，进口优质品牌的底轮，具有180kg承重能力及内置的轴承，适合制作各种尺寸的滑动门，同时具备底轮的特别防震装置，可使底轮能够应对各种状况的地面。

各类窗户的市场价格

1 百叶窗

百叶窗可完全收起，使窗外景色一览无余，既能够透光又能够保证室内的隐私，开合方便，很适合大面积的窗户。百叶窗被广泛应用于乡村风格、古典风格和北欧风格的家居设计中。并且百叶窗在家居中的客厅、餐厅、卧室、书房和卫浴等空间都有广泛的运用。

预算估价

百叶窗的市场价格在1000～4000元/㎡，适合中等装修的家居使用。

2 气密窗

气密窗有三大功能，即水密性、气密性及强度。水密性是指能防止雨水侵入，气密性与隔音有直接的关系，气密性越高，隔音效果越好。但气密窗在应用时应注意室内空气流动，避免通风不良。

预算估价

气密窗的市场价格在1000～2000元/㎡，但有些进口品牌的价格可达4000元/㎡。

各类气密窗对比

窗框材质	特点
塑钢	强度高，不易被破坏；导热系数低，隔热保温效果较好，可达到节能目的
铝制	质地轻巧、坚韧，容易塑性加工，防水、隔音效果好，是目前市面上最广泛应用的窗材。但铝制窗框的厚度较薄，会间接影响整体结构的抗风强度和使用年限
玻璃材质	**特点**
胶合玻璃	由两片玻璃组成，中央以PVB树脂相结合。在隔音表现上，声波遇到PVB层会降低声音传导，且PVB层具有粘着力，不易破坏，并兼具耐震和防盗功能
复层玻璃	一般称为仿侵入玻璃，玻璃越厚，隔音效果越显著。复层玻璃中间具有一中空层，一般为干燥中空式或注入惰性气体，可有效隔绝温度及噪声传递。但若处理不当，则会造成湿气渗入，使玻璃出现雾化现象

3 广角窗

广角窗的造型多样，且具有扩展视野角度、采光良好的优点。其应用范围广泛，适用于各种风格的家居。广角窗在家居设计中，通常用于客厅、卧室、书房等空间。

预算估价

目前广角窗连工带料的市场价格在1200～2000元/m^2，若玻璃经过特殊处理，则价格更高。

掌握窗户选购，提升预算价值

1 百叶窗的毛边是否平滑

选购百叶窗时，最好先触摸一下百叶窗窗棂片是否平滑均匀，看看每一个叶片是否起毛边。

2 检查百叶窗的平整度

看百叶窗的平整度与均匀度、看看各个叶片之间的缝隙是否一致，叶片是否存在掉色、脱色或明显的色差(两面都要仔细查看)。

3 了解气密窗的指标

气密窗品质的好坏，难以用肉眼观察评测，最好按照气密性、水密性、耐风压及隔音性等指标进行选购。测量在一定面积单位内，空气渗入或溢出的量。

掌握合理的施工方法，无纰漏才省钱

1 百叶窗的安装方式

百叶窗有暗装和明装两种安装方式。暗装在窗棂格中的百叶窗，其长度应与窗户高度相同，宽度却要比窗户左右各缩小1~2cm。若明装，则长度应比窗户高度长10cm左右，宽度比窗户两边各宽5cm左右，以保证其具有良好的遮光效果。

2 做好气密窗安装前的检查

气密窗送达施工现场时，首先要检查窗框是否正常、有无变形弯曲现象，避免影响安装品质。安装时应在墙上标出水平线和垂直线，以此为定位基准，不同窗框的上下左右应对应。安装完成后以水泥填缝，窗框四周应做防水处理，确认无任何缝隙，以免日后产生漏水问题。

五金 预算不高却掌握着木门的使用寿命

预算要点

（1）五金主要指套装门五金件，包含门锁、门把手及门吸等。其市场价格不高，却是套装门延长使用寿命的关键。

（2）门锁根据不同的类型有多种选择，而决定其价格高低的主要因素为门锁的制作材料。

（3）门把手除去应有的舒适的抓握感之外，其造型样式也是价格变化的主要原因。如欧式的门把手就比现代简约风格的门锁要贵。

（4）门吸不像门锁及门把手一样具有较高的价格浮动，相比之下，门吸的材质比较单一，而且价格也比较稳定。

不同材质的五金价位不同

市场上的五金材料基本分成不锈钢、铜、锌合金、铁钢和铝材。不锈钢其强度好、耐腐蚀性强、颜色不变，是最佳的造锁材料；铜比较通用，机械性能优越，价格也比较贵；高品质锌合金坚固耐磨，防腐蚀能力非常强，容易成型，一般用来制造中档锁。

▲空间内的整体衣柜，采用了大量的五金件。包括把手、合页等，这类材质决定了衣柜的使用寿命

各类五金的市场价格

1 门锁

预算估价

门锁的市场价格差异较大，低端锁的市场价格在30~50元/个，较好一些的门锁市场价格可达上百元，可以根据实际需求进行选购。

门锁是用来把门锁住，以防止他人打开这个门的设备，可以为家居提供安全保障。家居中只要带门的空间，都需要门锁，入户门锁常用户外锁，是家里家外的分水岭；通道锁起着门拉手的作用，没有保险功能，适用于厨房、过道、客厅、餐厅及儿童房；浴室锁的特点是在里面能锁住，在门外用钥匙才能打开，适用于卫浴。

各类门锁对比

门锁类型	特点	应用范围
球形门锁	门锁的把手为球形，制作工艺相对简单，造价低；材质主要为铁、不锈钢和铜。铁用于产品内里结构，外壳多用不锈钢，锁芯多用铜	可安装在木门、钢门、铝合金门及塑料门上。一般用于室内门
三杆式执手锁	门锁的把手造型简单实用，制作工艺相对简单，造价低；材质主要为铁、不锈钢、铜、锌合金。铁用于产品内里结构，外壳多用不锈钢，锁芯多用铜，锁把手为锌合金材质	一般用于室内门门锁。尤其方便儿童、年长者使用
插芯执手锁	插芯执手锁分为分体锁和连体锁。品相多样；产品材质较多，有锌合金、不锈钢和铜等	产品安全性较好，常用于入户门和房间门

2 门把手

预算估价

高档门把手大都为进口产品，市场价格在600~3000元/个，也有6000~8000元/个，中档门把手市场价格在300~600元/个；低档的门把手市场价格在100元/个以下。

门把手兼具美观性和功能性，可以美化家居环境，也能提升隔音效果。有些塑料材质的门把手使用年限较短。门把手的风格很多，可以根据其造型特点应用于不同风格的家居中。门把手为家居中的基础材料，可以广泛地应用在家居中的门上。

各类门把手对比	
门把手类型	特点
圆头门把手	旋转式开门，价格最便宜，容易坏，不适合用于入户大门
水平门把手	下压式开门，此类门把手的造型比较多，价格因造型的复杂程度而有所不同
推拉型门把手	向外平拉开门，带有内嵌式铰链，国内生产的价格较低，进口的较贵

3 门吸

门吸的主要作用是用于门的制动，防止其与墙体、家具发生碰撞而产生破坏，同时可以防止门被大的对流空气吹动而对门造成伤害。门吸根据家居设计的需要，可以应用于各种风格的家居空间中。并且门吸作为家居建材基本材料，可以应用于装有门的各个空间。

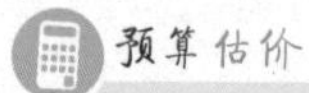

门吸的市场价格便宜，一般大于5元/个。

TIPS:
把控距离是安装门吸的关键

量尺寸是关键，预留合适的门后空间；并将门打开至需要的最大位置，测试门吸作用是否合理，门吸在门上的距离是否合适，角度是否合理。其中两点成直线，是确认门吸和开门的角度最好的方式。首先用铅笔在地砖上画线确认门的位置，以及确认门开的最大位置，最终确认门吸的最后安装位置。

安装在门上的门端只要用螺钉拧紧即可，最重要的是门端的定位，方法是先将门打开至最大，然后找到固定端与门接触的准确位置，用螺钉拧紧门吸门端。

掌握五金选购，提升预算价值

1 门锁需要看品牌

选择有质量保证的生产厂家生产的品牌锁，注意看门锁的锁体表面是否光洁，有无表面可见的缺陷。注意选购和门同样开启方向的锁，可将钥匙插入锁芯孔开启门锁，测试是否畅顺、灵活。

2 根据家门选购合理门锁

注意家门边框的宽窄，安装球形锁和执手锁的门边框不能小于90cm。同时旋转门锁执手、旋钮，看其开启是否灵活。一般门锁适用门厚为35～45mm，但有些门锁可延长至50mm，应查看门锁的锁舌，伸出的长度不能过短。部分执手锁有左右手之分。在门外侧面对门时，门铰链在右手处，即为右手门；在左手处，即为左手门。

3 门把手的材质很关键

纯铜的门把手不一定比不锈钢的贵，要看工艺的复杂程度；而塑料门把手再漂亮也不要买，其强度不够，断裂就无法开门。而且要注意门把手有没有质量保证书，一般应有5年保修期。

4 注意进口门把手与国产锁的区别

高档进口门把手有全套进口和进口配件国内组装之分，价格不同，购买时应注意区分。若为进口的，应能出具进关单，没有则多数为组装。

5 不锈钢材质的门吸更好

门吸最好选择不锈钢材质，具有坚固耐用、不易变形的特点。质量不好的门吸容易断裂，购买时可以使劲掰一下，如果会发生形变，就不要购买。选购门吸产品时，应尽量购买造型敦实、工艺精细、减震韧性较高的产品。

TIPS:

仔细阅读门锁说明书

安装门锁前先确认门的开合方向与锁具是否一致，以及确定门锁在门上的安装高度(通常门锁离地面高度约为1m)，取出门锁安装说明书仔细阅读清楚后，准备安装工具。取出门锁安装开孔纸规，贴在门上定出开孔位置及大小，使用相应的工具在门上开出安装孔，按示意图的顺序，将门锁安装在门上，并调试至顺畅。

开关插座 掌握电路运行正常的预算材料

预算要点

（1）开关插座有开关与插座分开的样式，也有开关与插座结合的样式，而根据样式的不同，其预算价格也有相应的区别。

（2）插座在不同的空间有不同的使用要求，如在厨房及卫生间就需要选购带防水性能的插座，而其价格也是略高于普通插座的。

（3）开关有单控与双控的区别、制作材料的区别。其中，双控的价格高于单控的价格；进口材料的价格也高于市场普通材料的价格。

开关插座的质量很关键

品质好的开关大多使用防弹胶等高级材料制成，防火机能、防潮机能、防撞击机能等都较高，表面光滑，选购时应该考虑自己摸上去的手感，凭借手感初步判断开关的材质，并询问经销商。一般来说，表面不太光滑，摸起来有薄、脆的感觉的产品，各项机能是不可托赖的。好的开关插座的面板要求无气泡、无划痕、无污迹。开关拨动的手感轻盈而不紧涩，插座的插孔需装有保护门，插头插拔应需要一定的力度并单脚无法插入。

▲厨房内的开关插座需要具备防水、防漏电的功能

各类开关插座的市场价格		
开关类型	特点	元/个
单控开关	在家庭电路中最为常见，由一个开关控制一件或多件电器，根据所联电器的数量又可以分为单控单联、单控双联、单控三联、单控四联等多种形式	15~26
双控开关	如厨房使用单控单联的开关，一个开关控制一组照明灯光；而在客厅可能会安装三个射灯，那么可以用一个单控三联的开关来控制	25~60
转换开关	一种可供两路或两路以上电源或负载转换用的开关电器，由多触头组合而成	18~35
延时开关	为了节约电力资源而开发的一种新型的自动延时电子开关，有触摸延时开关、声光控延时开关等。只要用手摸一下开关的触摸片或给予声音信号就自动照明。当人离开30～75秒后自动关闭	20~55
86型开关插座	86型开关插座正面一般为86mm×86mm正方形（个别产品因外观设计，大小稍有变化）。在86型开关基础上，又派生了146型（146mm×86mm）和多位联体安装的开关插座	10~25
120型开关插座	120型开关插座源于日本，目前在中国台湾地区和浙江省最为常见。其正面为120mm×74mm，呈竖直状的长方形。在120型基础上，派生了120mm×120mm大面板，以组合更多的功能件	12~36
118型开关插座	118型开关插座是120型标准进入中国后，国内厂家在仿制的基础上按中国人习惯进行变化而产生的。其正面也为120mm×74mm，但横置安装。目前118型开关在湖北、重庆等地最多见。在118型基础上，还有156mm×74mm，200mm×74mm两种长板配置，供在需集中控制取电位置安置更多的功能件	12~36

掌握开关插座选购，提升预算价值

1 了解开关插座的制成材料

品质好的开关大多使用防弹胶等高级材料制成，防火性能、防潮性能、防撞击性能等都较高，表面光滑。并且好的开关插座的面板要求无气泡、无划痕、无污迹。

2 开关拨动是否舒适

开关拨动的手感轻巧而不紧涩，插座的插孔需装有保护门，插头插拔应需要一定的力度并且单脚无法插入。

3 掂开关插座的重量

铜片是开关插座最重要的部分，应具有相当的重量。在购买时可掂量一下单个开关插座，如果手感较轻则可能是合金的或者薄的铜片，那么品质就很难保证。

掌握开关、插座的施工方法，无纰漏才省钱

1 安装前的开关、插座清理

用錾子轻轻地将盒子内残存的灰块剔掉，同时将其他杂物一并清出盒外，再用湿布将盒内灰尘擦净。如果导线上有污物也应一起清理干净。

2 安装时的开关、插座接线

先将开关盒内连出的导线留出维修长度（15~20cm），再削去绝缘层，注意不要碰伤线芯。如开关、插座内为接线柱，将线芯导线按顺时针方向盘绕在开关、插座对应的接线柱上，然后旋紧压头；如开关、插座内为接线端子，将线芯折回头插入接线端子内（孔径允许压双线时），再用顶丝将其压紧，注意线芯不得外露。

3 开关、插座通电试运行

开关和插座安装完毕，送电试运行前应再摇测一次线路的绝缘电阻并做好记录。各支路的绝缘电阻摇测合格后即可通电试运行，通电后仔细检查和巡视，检查漏电开关是否掉闸，插座接线是否正确。检查插座时，最好用验电器逐个检查。如有问题应断电后及时进行修复，并做好记录。

橱柜

预算的主要支出在柜体材料

预算要点

（1）橱柜预算占比较大的主要在两块：其一是柜体的选用材料，如实木、烤漆玻璃的区别；其二是台面的选用材料，多数情况会选择大理石，但也有不锈钢等材质的区别。

（2）实木橱柜虽然预算价格高，但其具有容易提升空间的设计品位，并且环保、样式精美。

（3）烤漆橱柜是市场上的主流材质，适合中等档次装修的家庭。

（4）橱柜的台面在大理石的选择上价格是较高的，而价格中等的属于不锈钢台面及美耐板台面。

选购好的品牌橱柜等于节省预算

市场上的橱柜价格之所以相差千里，真正的原因在于橱柜品质的优劣问题，品质好的橱柜其生产成本必然高于劣质橱柜，而在购买橱柜时光用肉眼看是很难看出其内部差别的，因此建议选购品牌知名度高的橱柜产品，其有效容积、环保认证、设计理念、售后服务相对来说较为有保障，使用时间也会更长，折算后再来综合比较，其实这种橱柜更省钱，要知道购买高品质橱柜=更长使用时间=更省钱！

▲浅色调的实木橱柜可提升厨房间的整体亮度，并且装饰效果突出

各类橱柜材料的市场价格

类型	特点	元/m
实木橱柜	具有温暖的原木质感、纹理自然，名贵树种有升值潜力，天然环保、坚固耐用。但养护麻烦，价格较昂贵，对使用环境的温度和湿度有要求	1800~4000
烤漆橱柜	色泽鲜艳、易于造型，有很强的视觉冲击力，且防水性能极佳，抗污能力强，易清理。由于工艺水平要求高，所以价格高；怕磕碰和划痕，一旦出现损坏较难修补，用于油烟较多的厨房易出现色差	1550~2100
模压板橱柜	色彩丰富，木纹逼真，单色色度纯艳，不开裂、不变形。不需要封边，解决了封边时间长后可能会开胶的问题。但不能长时间接触或靠近高温物体，同时设计主体不能太长、太大，否则容易变形，烟头的温度会灼伤板材表面薄膜	1350~1600

各类橱柜台面的市场价格

类型	特点	元/m^2
人造石台面	最常见的台面，表面光滑细腻，有类似天然石材的质感；表面无孔隙，抗污力强，可任意长度无缝粘接，使用年限长，表面磨损后可抛光	≥270
石英石台面	硬度很高，耐磨不怕刮划，耐热好，并且抗菌，经久耐用，不易断裂，抗污染性强，不易渗透污渍，可以在上面直接斩切；缺点是有拼缝	≥350
不锈钢台面	抗菌再生能力最强，环保无辐射，坚固、易清洗、实用性较强；但台面各转角部位和结合处缺乏合理、有效的处理手段，不太适用于管道多的厨房	≥200
美耐板台面	可选花色多，仿木纹自然、舒适；易清理，可避免刮伤、刮花的问题；价格经济实惠，如有损坏可全部换新；缺点为转角处会有接痕和缝隙	≥200

掌握橱柜选购，提升预算价值

1 尺寸要精确

大型专业化企业用电子开料锯通过计算机输入加工尺寸，开出的板尺寸精度非常高，板边不存在崩茬现象；而手工作坊型小厂用小型手动开料锯，简陋设备开出的板尺寸误差大，往往在1mm以上，而且经常会出现崩茬现象，致使板材基材暴露在外。

2 做工要精细、外形要美观

优质橱柜的封边细腻、光滑、手感好，封线平直光滑，接头精细。橱柜的组装效果要美观，缝隙要均匀。生产工序的任何尺寸误差都会表现在门板上，专业大厂生产的门板横平竖直，且门间间隙均匀；而小厂生产组合的橱柜，门板会出现门缝不平直、间隙不均匀，有大有小，甚至使门板不在一个平面上。

3 孔位要精准、滑轨要顺畅

孔位的配合和精度会影响橱柜箱体的结构牢固性。专业大厂的孔位都是一个定位基准，尺寸的精度有保证。手工小厂则使用排钻，甚至是手枪钻打孔。这样组合出的箱体尺寸误差较大，不是很规则的方体，容易变形。注意抽屉滑轨是否顺畅，是否有左右松动的状况，以及抽屉缝隙是否均匀。

掌握橱柜的施工方法，无纰漏才省钱

做好安装前的清洁工作

橱柜安装前厨房瓷砖应已勾缝完成，并应将厨房橱柜放置区域的地面和墙面清理干净；提前将厨房的面板装上，并将墙面水电路改造暗管位置标出来，以免安装时打中管线。另外，厨房顶灯位置一定要注意避让吊柜的柜门；台面下增加垫板很有必要，能提高台面的支撑强度。

洁具 统一品牌选购更能节省预算

预算要点

（1）卫生间的洁具从设计风格到品牌选择最好统一，选择同样的洁具品牌可以节省预算的支出。

（2）洗面盆因使用频繁，应保证其釉面的质量。因此在预算投入方面，应选择质量上乘的材质。

（3）马桶的根据结构有不同的冲水方式，其中虹吸式的冲刷效果更好，价格也相对较高。

洁具的预算支出应根据空间大小做改变

随着卫生间装修的精装化，配套的洁具产品已经出现在很多人的家里。选购这类产品，首先应该根据卫生间面积的实际情况来选择洁具的规格和款式，如果面积较小，在洗面盆上应该选择柱盆，因为在小面积的卫生间中使用柱盆可以增强卫生间的通气感；如果面积较大，在浴缸上应该选择尺寸较大的独立性浴缸。洁具除造型外，最应注重釉面的好坏，因为好的釉面，不挂脏，表面易清洁，长期使用仍光亮如新。选择时可对着光线，从陶瓷的侧面多角度观察，好的釉面应没有色斑、针孔、砂眼和气泡，表面非常光滑。

▲造型精美的洗手柜是卫生间的主要装饰

各类洗面盆的市场价格		
类型	特点	元/个
台上盆	安装方便，便于在台面上放置物品	200~260
台下盆	易清洁。对安装要求较高，台面预留位置尺寸大小要与盆的大小相吻合，否则会影响美观	200~260
立柱盆	非常适合空间不足的卫浴安装使用，造型优美，可以起到很好的装饰效果，且容易清洗	260~350
挂盆	一种非常节省空间的面盆类型，其特点与立柱盆相似，入墙式排水系统一般可考虑选择挂盆	170~220
碗盆	与台上盆相似，但颜色和图案更具艺术性、更个性化	170~220

掌握洗面盆选购，提升预算价值

1 根据卫浴空间选择洗面盆大小

应该根据自家卫浴面积的实际情况来选择洗面盆的规格和款式。如果面积较小，一般选择柱盆或角形面盆，可以增强卫浴的通气感；如果卫浴面积较大，选择台盆的自由度就比较大了，沿台式面盆和无沿台式面盆都比较适用，台面可采用大理石或花岗岩材料。

2 注意保持洁具的整体风格

由于洁具产品的生产设计往往是系列化的，所以在选择洗面盆时，一定要与已选的坐便器和浴缸等大件保持同样的风格系列，这样才具备整体的协调感。

各类坐便器的市场价格

	特点	元/个
按形态划分		
连体式坐便器	连体式坐便器是指水箱与座体合二为一设计，较为现代高档，体形美观、安装简单、一体成型，但价格相对贵一些	≥400
分体式坐便器	分体式坐便器是指水箱与座体分开设计，分开安装的坐便器，较为传统，生产上是后期用螺钉和密封圈连接底座和水箱，所占空间较大，连接缝处容易藏污垢，但维修简单	≥250
按冲水原理划分		
直冲式坐便器	利用水流的冲力排出脏污，池壁较陡，存水面积较小，冲污效率高。其最大的缺陷就是冲水声大，由于存水面较小，易出现结垢现象，防臭功能也不如虹吸式坐便器，款式比较少	≥600
虹吸式坐便器	其最大优点为冲水噪声小（静音坐便器就是虹吸式），容易冲掉黏附在坐便器表面的污物，防臭效果优于直冲式，品种繁多。但每次需使用至少8～9L水，比直冲式费水；排水管直径细，易堵塞	≥700

掌握坐便器选购，提升预算价值

1 了解坐便器的重量

坐便器越重越好，普通坐便器重量在25kg左右，好的坐便器重量在50kg左右。重量大的坐便器密度大，质量过关。简单测试坐便器重量的方法为双手拿起水箱盖，掂一掂它的重量。

2 检查坐便器的釉面质量

注意坐便器的釉面，质量好的坐便器其釉面应该光洁、顺滑、无起泡，色泽柔和。检验外表面釉面之后，还应去摸一下坐便器的下水道，如果粗糙，以后容易造成遗挂。

3 排污管道越大越好

大口径排污管道且内表面施釉，不容易挂脏，排污迅速有力，能有效预防堵塞。测试方法为将整个手放进坐便器口，一般能有一个手掌容量为最佳。

各类浴缸的市场价格

类型	特点	元/个
亚克力浴缸	采用人造有机材料制造，造型丰富，重量轻，表面光洁度好，价格低廉；但存在耐高温能力差、耐压能力差、不耐磨、表面易老化的缺点	约1500
铸铁浴缸	采用铸铁制造，表面覆搪瓷，重量大，使用时不易产生噪声。经久耐用，注水噪声小，便于清洁。但价格过高，分量沉重，安装与运输难	约4000
实木浴缸	选用木质硬、密度大、防腐性能佳的材质，如橡木、香柏木等。保温性强，可充分浸润身体。但价格较高，需保养维护，否则会变形漏水	约4000
钢板浴缸	传统浴缸，具有耐磨、耐热、耐压等特点，重量介于铸铁浴缸与亚克力浴缸之间，保温效果低于铸铁缸，但使用寿命长，整体性价比较高	约3000
按摩浴缸	通过马达运动，使浴缸内壁喷头喷射出混入空气的水流，造成水流的循环，从而对人体产生按摩作用	约10000

掌握浴缸选购，提升预算价值

1 了解浴缸大小所占空间比

浴缸的大小要根据浴室的尺寸来确定，如果确定把浴缸安装在角落里，通常说来，三角形的浴缸要比长方形的浴缸多占空间。

2 注意浴缸的裙边方向

尺码相同的浴缸，其深度、宽度、长度和轮廓也并不一样，如果喜欢水深点的，溢出口的位置就要高一些。对于单面有裙边的浴缸，购买的时候要注意下水口、墙面的位置，还需注意裙边的方向，否则买错了就无法安装了。

3 考虑是否加淋浴喷头

如果浴缸之上还要加淋浴喷头的话，浴缸就要选择稍宽一点的，淋浴位置下面的浴缸部分要平整，且须经过防滑处理。

Chapter 5

明确预算中的施工价格

拆除工程　吊顶施工

水路施工　柜体施工

电路施工　油漆施工

防水施工　壁纸施工

隔墙施工　门窗施工

墙地砖施工　地板施工

拆除工程

预算好拆除项目也要做好提前规划

预算要点

（1）盲目的拆除工程不仅会发生返工的现象，也会浪费大量的预算支出。因此，在拆除之前应做好户型的规划工作。

（2）旧房的拆除工程不是保留越多的原材料越省钱，因材料使用寿命的限制可能会使预算支出增加。

（3）拆除工程主要的是墙体的拆除，因此了解哪些墙体可拆除，哪些墙体不可拆除才是节省预算的办法。

（4）拆除原有门窗及墙面涂料同样有许多的细节应当注意，掌握了这些细节可以保证预算支出不超支。

避免反复拆除施工，节省预算支出

做好拆除工程，首先应做好户型的设计与改造，不然在后期的拆除与施工当中，会发生拆除了的墙体又需要从新砌筑，无形中增加了工作量的同时，又使整体预算的支出增加。因此，应当先做好前期的设计规划，避免发生后期的反复施工现象。在具体的拆除工程中，需要了解哪些墙体可以拆改，哪些墙体不可以拆改，而拆除了禁止拆改的墙体，在物业处存放的装修保证金便无法拿回，造成经济上的损失。

▲拆除墙体时应注意，垃圾应堆放在一块儿，并且注意剪力墙的位置

做好户型布局规划，避免预算重复支出

1 满足实用性

通常情况下，户型布置应当实用，大小要适宜，功能划分要合理，应当使人感觉舒适温馨，每个房间最好都间隔方正，不要出现太多的边边角角。切记一定不能出现多边角的布置，这样会让房间利用率大大降低。

2 满足安全性和私密性

安全性主要是指住宅的防盗、防火等方面。而私密性是每个家居环境都必须具备的功能特性，否则就不能称为“家”了。比如一些面积过大的窗户设计以及卧室和客厅间的无遮挡设计最好都不要采用。

3 满足灵活性

户型布置还要有一定的灵活性，以便根据生活要求灵活地改变使用空间，满足不同对象的生活需要。灵活性的另一个体现就是可改性，因为家庭规模和结构并不是一成不变的，生活水平和科技水平也在不断提高，户型应符合可持续发展的原则，用合理的结构体系提供一个大的空间，留出调整与更新的余地。

4 满足经济性

户型改造布置还要具有经济性，即面积要紧凑实用，使用率要高。目前房价这么高，哪怕是1m^2的空间面积，分摊到的购买费用都不低，既然是如此贵的“空间”，干吗不利用得更为充分点呢！

5 满足美观性

在满足家居生活的各种功能性的基础上，户型的改造也要满足一定的美观性，即家居环境要有自己的个性、特色和独有的品位，如果都弄得跟宾馆似的，那么家也不像家了。

旧房拆除改造不应节省预算

1 彻底检查水路

一般旧房原有的水路管线大多布局不太合理或者已被腐蚀，所以应对水路进行彻底检查。如果原有的管线是已被淘汰的镀锌管，在施工中必须将其全部更换为铜管、铝塑复合管或PPR管。

2 重新布局电路

旧房普遍存在电路分配简单、电线老化、违章布线等现象，已不能适应现代家庭的用电需求，所以在装修时必须彻底改造，重新布线。以前电路多用铝线，建议更换为铜线，并且要使用PVC绝缘护线管。安装空调等大功率电器的线路要单独走线。简单来说，就是要重新来过。

3 多设计插座

至于插座问题，一定要多加插座，因为旧房的插座达不到现代电器应用的数量，所以这是在旧房改造中必须要改动的。

4 注意拆除墙时的碎片

砸墙砖及地面砖时，避免碎片堵塞下水道；只有表层厚度达到4mm的实木地板、实木复合地板和竹地板才能进行翻新。此外，局部翻新还会造成地板间的新旧差异，因此业主不能盲目对地板进行翻新。

5 重新更换门窗

门窗老化也是旧房中的一个突出问题，但如果材质坚固，并且款式也还不错，一般来说只要重新涂漆即可焕然一新。但是如果木门窗起皮、变形，就一定要换。此外，如果钢制门窗表面漆膜脱落、主体锈蚀或开裂，则应拆掉重做。

拆除项目的预算价格

1 拆除墙面涂料

在装修中，墙面改造是一项很大的工程，由于墙面基底复杂，用材和工艺也不同，在进行墙面处理时也应该区别对待。但是，对于原有施工一般的房屋，拆除原墙体表面附着物是装修中必须进行的一项工作，一般包括墙面原有乳胶漆和腻子层的铲除。

预算估价

拆除墙面项目的人工费用在8~12元/㎡。

2 拆除墙体

开发商所提供的户型一般都不能满足业主的个性化需求，这时就需要拆改室内空间的墙体，从新构件空间的格局，以满足业主的使用。但需要了解的是，不是所有的墙体都可拆除，如用于承受楼层重量的剪力墙便是不可拆除的。

预算估价

拆除墙体根据不同的厚度价格也不相同，拆除12cm厚的人工费用在35~55元/㎡；拆除24cm厚的人工费用在55~70元/㎡。

不可拆除的墙体	
一	目前，绝大多数人都有了承重墙不能拆除的概念，承重墙承担着楼盘的重量，维持着整个房屋结构的力的平衡。如果拆除了承重墙，那可就是涉及生命安全的严重问题，所以这个禁忌是绝对不能触碰的
二	家居中的梁、柱不能拆改。梁柱是用来支撑整栋楼结构重量的，是其屋的核心骨架，如果随意拆除或改造就会影响到整栋楼的使用安全，非常危险，所以梁、柱绝不能拆改
三	墙体中的钢筋是不能破坏的。在拆改墙体时，如将钢筋破坏，就会影响到房屋结构的承受力，留下安全隐患
四	对于“砖混”结构的房屋来说，凡是预制板墙一律不能拆除，也不能开门和开窗。特别是24cm及以上厚度的砖墙，一般这类都属于承重墙，不能轻易拆除和改造
五	阳台边的矮墙不能拆除。现在随着人们对于大生活空间的向往，对于房间与阳台之间设置的一堵矮墙非常讨厌，总想拆之而后快。一般来说，墙体上的门窗可以拆除，但该墙体不能拆除，因为该墙体在结构上称为“配重墙”。配重墙起着稳定外挑阳台的作用，如果拆除该墙，就会使阳台的承重力下降，严重的会导致阳台坍塌
六	嵌在混凝土结构中的门框最好不要拆除。因为，这样的门框其实已经与混凝土结构合为一体，如果对其进行拆除或改造，就会破坏结构的安全性，同时，重新再安装一扇合适的门也是比较困难的事情，且肯定不如原有的牢固

3 拆除门窗

若门窗已经无法保留需要拆除重做，在拆除门窗时一定要注意保护好房屋的结构不被破坏。尤其是对于房屋外轮廓上的门窗，此类门窗所在的墙一般都属于结构承重墙，原来装修做门窗时，通常会在门窗洞上方做一些加固措施，以此来保证墙体的整体强度。在拆除此类门窗时，必须要谨慎仔细，不可大范围进行破坏拆除。否则一旦破坏了墙体的结构，会对房屋的安全性造成破坏，影响其使用寿命。

预算估价

拆除门窗是按照项目计算的，如几个门、几套窗等，拆除的人工费用在400~800元/项。

门窗拆除注意事项	
一	门窗改造首先是要注意安全。主要有两个方面：一是人身安全，二是结构安全。门窗拆除时，一定要确保拆除工人及他人的安全，这一点绝对不能马虎。在拆除之前业主可以向施工队交代，并要求其做出承诺，必要的时候，应当以书面的形式确定下来，万一出现问题，也可以追究施工方的责任
二	门窗拆除还会涉及房屋结构的安全问题。因为门窗所在的墙体大多都是房屋的承重结构，因此在拆除时不能破坏周围的结构，否则就会影响房屋的结构安全。有一个原则就是，宁肯破坏门窗，也不要破坏墙体的结构，如墙内的钢筋。有些业主不仅拆除原有门窗，甚至随意将门窗改大，也不做相关的加固措施，这是不允许的
三	门窗改造还要注意新门窗质量的选择。门窗是家居最重要的组成部分之一，它们的质量以及安装是整个居室装修改造成败与否的关键之一。如果选用的门窗质量过关，安装又得当的话，居室的装修改造才算成功。否则，最终的装修质量就会大打折扣，还会引起很多后期的麻烦

TIPS:

保留原有门窗的办法

如果原有门窗无论从位置、样式、材料上自己都不满意，在这种情况下，业主在装修时可以将其拆除后，重新安装新的门窗，以此来改善房屋的整体效果。如果原有门窗的功能布局、造型特点以及所用的材料都还不错，而且保护得也较好，则大可不必拆除重做，可以选择只对门窗进行重新涂刷等方法，改变其外观效果即可。相对而言，保留原有门窗结构，可以节约一笔相当可观的费用支出。

拆除及土建工程预算一览表

编号	施工项目名称	单位	单价/元（涵盖施工及材料）	说明
1	拆12cm宽单墙	m^2	35~55	混凝土结构另计
2	拆24cm宽双墙	m^2	55~70	混凝土结构另计
3	拆飘窗	项	400~600	混凝土结构另计
4	拆除后建筑垃圾清运	m^2	15~20	清运到小区指定地点，根据数量多少及楼层高度（有电梯的除外）确定价格
5	现浇	m^2	450~600	水泥、黄沙、钢筋、人工、模版
6	拆墙后及门窗敲后四周粉补	个	45~55	32.5等级“宜兴”水泥、黄沙、工具、人工
7	砌12cm宽单墙	m^2	80~110	32.5等级“宜兴”水泥、黄沙、砖块、工具、人工
8	砌24cm宽双墙	m^2	115~140	32.5等级“宜兴”水泥、黄沙、砖块、工具、人工
9	墙体水泥黄沙粉刷	m^2	18~25	32.5等级“宜兴”水泥、黄沙，1：3配比（单面）
10	地面铺复合地板找平收光	m^2	45~55	水泥沙浆找平，地面高低差总体不超0.5CM，不起灰（高度超5CM按4元/CM增加）
11	原墙顶面批灰铲除及滚胶水	m^2	3~5	根据墙体实际情况确定是否铲除含901环保胶水滚涂一遍
12	外墙涂料墙面贴砖基础处理	m^2	16~22	原墙面打毛后，涂刷901环保胶水
13	门套基层处理（成品套可能有此项）木工板或多层板基础、工具、人工	个	70~90	安装门套的墙面需铲平，不可有凸起、凹陷等明显的问题
14	保温层拆除	m^2	15~22	工具，人工
15	封门头	m	50~80	木龙骨、“泰山”牌石膏板、多层板（门头高度不在门套高度范围有此项）

水路施工 规划水管铺设细节控制预算支出

预算要点

（1）不可为节省预算而选择铸铁、PVC等材质的管材，而应选择有良好品牌信誉的、质量更好的PPR管材。

（2）水路的墙面开槽应保证横平竖直，便于后期的施工与维修，不可为减少开槽预算而斜向开槽。

（3）冷热水管的管材应有明确的颜色区别，预算中选用的冷水管切记不可使用到热水管的安装中。

（4）水管的铺设中应将管道全部安排在顶面与墙面的施工中，这样既可节省预算支出，又方便后期的维修。

选好管材才能发挥预算价值

目前，在水路施工中，一般都采用PPR管代替原有过时的管材，如铸铁、PVC等。铸铁管由于会引发锈蚀问题，因此，使用一段时间后，容易影响水质，同时管材也容易因锈蚀而损坏。PVC这一材料的化学名称是聚氯乙烯，其中含有氯的成分，对健康也不好，PVC管现在已经被明令禁止作为给水管使用，尤其是热水管更不能使用。如果原有水路采用的是PVC管，就应该全部更换。因此，在预算时不可为了省钱而选择劣质的PVC、铸铁等管材。

▲水路排布在吊顶上，方便后期的维修

水路施工的开槽预算

1 卫生间排水管开槽

卫生间涉及的排水管有地漏的排水、马桶的排水、洗手池的下水管、淋浴房的下水管等，其中马桶的排水管是最粗的，最好不要改动，容易发生堵塞问题。而在各种排水管的地面开槽中，应保持一定的坡度，使水流可自然地流淌出去为标准。

预算估价

卫生间地面的排水管开槽价格在23元/m；若改动坐便器的下水管道则根据移动位置的长短，安装项目计算，一般一项在200~300元。

2 厨房排水管开槽

厨房排水管是用于洗菜槽疏通下水。有两种施工方案，第一种是隐藏在橱柜内侧的办法，不需要地面开槽，这样可以节省预算的开槽支出；第二种是采用地面开槽隐藏排水管的办法，这样可以解放出橱柜的内部使用空间。

预算估价

厨房地面的排水管开槽价格在23元/m。

3 墙面冷水管开槽

首先利用画笔在墙面勾画出需要连接冷水管的位置，然后使用开槽器开槽，在施工的过程中应保证冷水管的开槽横平竖直，无倾斜与弯曲的现象。

预算估价

墙面的冷水管开槽的价格在21元/m。

4 墙面热水管开槽

热水管的开槽不会像冷水管的开槽那样多，如阳台一般只需要冷水管而不需要热水管。热水管的开槽工艺与要求和冷水管的是一样的，但在开槽过程中，应保证热水管与冷水管间保持150mm的距离。

预算估价

墙面的热水管开槽的价格在21元/m。

TIPS:

计划排水管开槽线路，有效缩减长度

卫生间的地面需要开槽的排水管较多，因此在开槽时可设计出一个主的排水管道，然后使其他排水管陆续地接入到主的排水管道上。这样可以有效地节省地面的开槽数量，减少预算中水路开槽费用的支出。其好处还在于减少后期卫生间做防水发生渗水漏水的可能性。

水路施工的管材预算

1 排水管选择PVC材质

排水管用于下水的排放，不像给水管一样需要承受给水时的压强带给管道的压力。因此排水管的材料质量不需要过高，而符合这一要求且最适合的就是PVC材质。PVC排水管的造价低廉，同时有着良好的耐腐蚀性。

预算估价

因管壁厚度及排水管直径的不同，PVC排水管的市场价格在11~16元/件。

2 给水管选择PPR材质

PPR管是目前比较完美的水管，作为一种新型的水管材料，它既可以用作冷水管，也可以用作热水管，具有无毒、质轻、耐压、耐腐蚀等多种优点。虽然PPR管的市场价格略高于PVC管，但其对给水管道的保护是明显的。

预算估价

PPR给水管的市场价格在18~22元/m。

3 三通、弯头、管箍等管材连接件

水管的连接件包括管箍、变径、丝堵、截门、外丝、三通、弯头、活结头等。其中管箍、三通、弯头、活接头等需要用外丝的时候较多；变径用于粗管变细管或细管变粗管；丝堵用在三通或截门不用的地方。因此，这类材料的质量尤为重要，预算中应选择质量好、价钱略高的连接件。

预算估价

连接件的种类多样，材质主要分为铁及塑料两大类，市场价格在10~50元/个。

4 吊顶水管的固定件选择不锈钢

吊顶的水管固定件材质一般有两种。一种是塑料材质，这类材料的市场价格低，可节省水路预算支出，但时间久了容易发生氧化及变形等问题；另一种是不锈钢材质，这类材料具备良好的牢固度，固定水管不易变形，不用担心时间久不锈钢材质的氧化问题。

预算估价

塑料材质的固定件，市场价格在100~200元/项；不锈钢材质的固定件，市场价格在250~400元/项。

了解水路施工问题，不返工才能省预算

1 水路与电路应保持在安全的距离

给水系统安装前，必须检查水管、配件是否有破损、砂眼等；管与配件的连接，必须正确，且加固。给水、排水系统布局要合理，尽量避免交叉，严禁斜走。水路应与电路距离500～1000mm以上。燃气式热水的水管出口和淋浴龙头的高度要根据燃具具体要求而定。

2 掌握排水管的使用要点

在安装PPR管时，热熔接头的温度必须达到250～400℃，接熔后接口必须无缝隙、平滑、接口方正。安装PVC下水管时要注意放坡，保证下水畅通，无渗漏、倒流现象。当坐便器的排水孔要移位时，要考虑抬高高度至少有200mm。坐便器的给水管必须采用6分管（20～25铝塑管）以保证冲水压力，其他给水管采用4分管（16～20铝塑管）；排水要直接到主水管里，严禁用Ø50以下的排水管。不得冷、热水管配件混用。

3 冷、热水管的安装距离

明装管道单根冷水管道距墙表面应为15～20mm，冷、热水管安装应左热右冷，平行间距应不小于200mm。明装热水管穿墙体时应设置套管，套管两端应与墙面持平。

4 管接口与设备受水口位置应正确

对管道固定管卡应进行防腐处理并安装牢固，当墙体为砖墙时，应凿孔并填实水泥砂浆后再进行固定件的安装。当墙体为轻质隔墙时，应在墙体内设置埋件，后置埋件应与墙体连接牢固。

5 注意管材与管件的连接端

安装PVC管应注意，管材与管件连接端面必须清洁、干燥、无油。去除毛边和毛刺；管道安装时必须按不同管径的要求设置管卡或吊架，位置应正确，埋设要平整，管卡与管道接触应紧密，但不得损伤管道表面；采用金属管卡或吊架时，金属管卡与管道之间采用塑料带或橡胶等软物隔垫。

水路施工预算一览表

编号	施工项目名称	单位	单价/元（涵盖施工及材料）	说明
1	地面开槽、粉槽	m	18~23	米数按单管单槽计算
2	墙面开槽、粉槽	m	16~21	米数按单管单槽计算
3	45°弯头	个	7~11	PPR管配件
4	90°弯头	个	8~13	PPR管配件
5	乔管	个	19~23	PPR管配件
6	内丝弯头	个	45~50	PPR管配件
7	内丝三通	个	45~52	PPR管配件
8	三通	个	8~15	PPR管配件
9	25×3/4内丝直接	个	60~65	PPR管配件
10	25×3/4外丝直接	个	75~88	PPR管配件
11	快开阀配制及安装	个	150~165	PPR管配件
12	铁闷头	个	1~5	某知名品牌
13	40PVC下水管	m	18~22	某知名品牌
14	40PVC弯头	个	9~13	某知名品牌
15	50PVC下水管	m	22~28	某知名品牌
16	50PVC弯头	个	9~15	某知名品牌
17	75PPR管子	个	12~18	某知名品牌
18	75PPR三通	个	10~15	某知名品牌
19	75×50三通	个	10~15	某知名品牌
20	110PVC下水管	m	30~36	某知名品牌
21	110PVC弯头	个	19~24	某知名品牌
22	地漏	个	4~10	某知名品牌

电路施工 合理规划电路排线节省预算支出

预算要点

（1）电线是电路预算的主要支出点，根据不同的电线品牌、铜芯粗细，其市场价格也不尽相同。因此，在施工前应计划好电线的使用量。

（2）穿线管用于保护隐藏在墙体内的电线，延长电路的使用寿命，其市场价格相对固定。

（3）开关面板及插座作为电路的终端，对其质量与防漏电性能是有较高要求的。相对地，其防漏电性能越好，价格也相对越高。

（4）电路施工有许多的细节问题，而掌握了这些问题，可以防止返工，延长电路的使用寿命，节省预算支出。

根据设计方案预估电路预算

有一个完整的电路设计方案，预算也可以算出来。不管是装修公司做还是专业的水电改造公司做，首先要有一个大概的线路走向图。房间要在哪些位置设置节点，是必须要知道的，再根据里面的面积，还有线路走的长短，就可以做出一个详细的电路设计方案。一些专业的水电改造公司自己提出来一个10%的误差，不能超过这个，超过了这个误差数，业主就可以不支付超出的这部分费用了。这种方式能够一定程度上地限制电路预算超支。

▲墙面的电路开槽应横平竖直

电路施工的材料预算

1 电线

预算估价

电线的市场价格在3~8元/m。

为了防火、维修及安全，最好选用有长城标志的“国标”塑料或橡胶绝缘保护层的单股铜芯电线，线材槽截面积一般是：照明用线选用1.5mm²，插座用线选用2.5mm²，空调用线不得小于4mm²，接地线选用绿黄双色线，接开关线(火线)可以用红色、白色、黑色、紫色等任何一种，但颜色用途必须一致。

2 穿线管

预算估价

穿线管的市场价格在4~10元/m。

电路施工涉及空间的定位，所以还要开槽，会使用到穿线管。严禁将导线直接埋入抹灰层，导线在线管中严禁有接头，同时对使用的线管（PVC阻燃管）进行严格检查，其管壁表面应光滑，壁厚要求达到手指用力捏不破的强度，而且应有合格证书。也可以用符合国标的专用镀锌管做穿线管。

3 开关面板和插座

预算估价

开关面板和插座的安装人工价格在3~5元/个。

面板的尺寸应与预埋的接线盒的尺寸一致；表面光洁、品牌标志明显，有防伪标志和国家电工安全认证的长城标志；开关开启时手感灵活，插座稳固，铜片要有一定的厚度；面板的材料应有阻燃性和坚固性；开关高度一般为1200~1350mm，距离门框门沿为150~200mm，插座高度一般为200~300mm。

TIPS:

电路施工省钱小窍门

（1）能走直线的地方就不要拐弯，电路还好，水路拐弯必须装那种拐角的管子，很贵。

（2）能走明线的地方尽量不走暗线，开槽也是一笔不小的费用。

（3）能明暗结合的地方尽量不走暗线，即能走明线也能走暗线的地方要算一算哪个更便宜。

了解电路施工问题，不返工才能省预算

1 穿管走线延寿命

强、弱电穿管走线的时候不能交叉，要分开，强、弱电插座保持50cm以上距离。一定要穿管走线，切不可在墙上或地下开槽后明铺电线之后，用水泥封堵了事，给以后的故障检修带来麻烦。另外，穿管走线时电视线和电话线应与电力线分开，以免发生漏电伤人毁物甚至着火的事故。

2 铜质绝缘电线更安全

电线应选用铜质绝缘电线或铜质塑料绝缘护套线，保险丝要使用铅丝，严禁使用铅芯电线或使用铜丝做保险丝。施工时要使用三种不同颜色外皮的塑质铜芯导线，以便区分火线、零线和接地保护线，切记不可图省事用一种或两种颜色的电线完成整个工程。

3 电源线应满足最大输出功率

电源线配线时，所用导线截面积应满足用电设备的最大输出功率。一般情况下，照明截面为1.5mm^2，空调挂机及插座2.5mm^2，柜机截面为4.0mm^2，进户线截面为10.0mm^2。

4 开关插座的标准距离

电源插座底边距地宜为300mm，平开关板底边距地宜为1300mm。挂壁空调插座的高度距地宜为1900mm，脱排插座距地宜为2100mm，厨房插座距地宜为950mm，挂式消毒柜插座距地宜为1900mm，洗衣机插座距地宜为1000mm，电视机插座距地宜为650mm。

5 安装带有保险挡片的插座

为防止儿童触电、用手指触摸或金属物插捅电源的孔眼，一定要选用带有保险挡片的安全插座；电冰箱、抽油烟机应使用独立的、带有保护接地的三眼插座；卫生间比较潮湿，不宜安装普通型插座。

电路施工预算一览表

编号	施工项目名称	单位	单价/元（涵盖施工及材料）	说明
1	砖墙开槽、粉槽费	m	16~25	米数按单管单槽计算
2	混凝土墙开槽、粉槽费	m	38~50	米数按单管单槽计算
3	6分PVC电线管(分色管)	m	7~11	公元6分PVC阻燃线管、束接、胶水、人工
4	1.5MM平方电线	m	2~7	某品牌铜芯线(单线标准)注:正常用作照明线路
5	2.5MM平方电线	m	3~7	某品牌铜芯线(单线标准)注:正常用作插座线路包括挂壁空调(空调线路为专用线路单线单用),也可用作照明线路需和客户确认
6	4MM平方电线	m	5~10	某品牌铜芯线(单线标准)注:正常用作柜式空调专用线路
7	6MM平方电线	m	6~10	某品牌铜芯线(单线标准)注:正常用作中央空调外机专用线路
8	电视线(单线标准)	m	4~8	某品牌电视专用线
9	计算机网络线(单线标准)	m	4~7	某品牌超五类网线
10	电话线	m	4~7	某品牌电话4芯专用线
11	暗盒	个	4~9	配件
12	金属软管	m	2~5	
13	挂壁电视暗管敷设	套	65~90	
14	电箱接线整理	项	80~100	移位另议
15	漏电开关	个	18~25	
16	灯具安装费	项	300~350	水晶灯及特殊灯具价格另计，复式680元/套，别墅另计
17	开关、插座安装费	个	3~5	

防水施工 预算中应标明防水涂刷高度

预算要点

（1）防水施工有刚性防水与柔性防水两种类型，两种防水的预算差别并不明显，可根据实际情况进行选择。

（2）不要为了节省防水的预算支出，而使涂刷高度不合理，这种情况在后期中，非常容易发生渗水、漏水的情况。

（3）了解防水的施工细节，规避一些细节问题，可防止防水返工，发生不必要的预算支出。

（4）闭水试验对防水施工是至关重要的，一定要保证测试时间在24小时以上。

掌握防水的涂刷高度

通常家居中卫浴室、厨房、阳台的地面和墙面，一楼住宅的所有地面和墙面，地下室的地面和所有墙面都应进行防水防潮处理。其中，重点是卫生间防水。在卫生间的地面防水中，四周的墙体应上翻刷30cm高；淋浴区周围墙体上翻刷180cm或者直接刷到墙顶位置；有浴缸的位置上翻刷比浴缸高30cm。如果想要获得更好的防水体验，那么多涂刷些也是有益无害的。

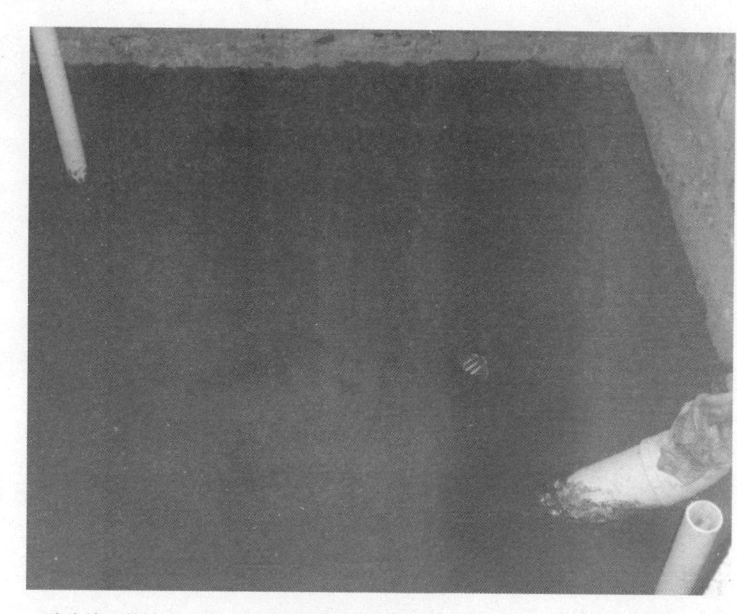

▲防水施工的地面平整，无明显的倾斜现象

防水施工的预算

1 刚性防水

刚性防水材料是指以水泥、沙石为原材料，或其内渗入少量外加剂、高分子聚合物等材料，通过调整配合比、抑制或减小孔隙率、改变孔隙特征，增加各原材料界面间的密实性等方法，配制成具有一定抗渗透能力的水泥砂浆混凝土类防水材料。

预算估价

刚性防水的市场价格在80~100元/m²。

2 柔性防水

柔性防水是指相对于刚性防水如防水砂浆和防水混凝土等而言的一种防水材料形态。柔性防水通过柔性防水材料（如卷材防水、涂膜防水）来阻断水的通路，以达到建筑防水的目的或增加抗渗漏的能力。

预算估价

柔性防水的市场价格在50~90元/m²。

防水施工重点监控	
一	基层处理：先用塑料袋之类的东西把排污管口包起来，扎紧，以防堵塞。将原有地面上的杂物清理干净。房间中的后埋管可以在穿楼板部位设置防水环，加强防水层的抗渗效果。施工前在基面上用净水浆扫浆一遍，特别是卫生间墙地面之间的接缝以及上下水管道与地面的接缝处要扫浆到位
二	刷防水剂：使用防水胶先刷墙面、地面，干透后再刷一遍。然后再检查一下防水层是否存在微孔，如果有，及时补好。第二遍刷完后，在其没有完全干透前，在表面再轻轻刷上一两层薄薄的纯水泥层
三	抹水泥砂浆：预留的卫生间墙面300mm和地面的防水层要一次性施工完成，不能留有施工缝，在卫生间墙地面之间的接缝以及上下水管与地面的接缝处要加设密目钢丝网，上下搭接不少于150mm（水管处以防水层的宽度为准），压实并做成半径为25mm的弧形，加强该薄弱处的抗裂及防水能力

了解防水施工问题，不返工才能省预算

1 先做找平后做防水

首先要用水泥砂浆将地面做平（特别是重新做装修的房子），然后再做防水处理。这样可以避免防水涂料因薄厚不均或刺穿防水卷材而造成渗漏。

2 控制防水材料的含水量

防水层空鼓一般发生在找平层与涂膜防水层之间和接缝处，原因是基层含水过大，使涂膜空鼓，形成气泡。施工中应控制含水率，并认真操作。

3 注意地面的管道连接处

防水层渗漏水，多发生在穿过楼板的管根、地漏、卫生洁具及阴阳角等部位，原因是管根、地漏等部件松动、粘接不牢、涂刷不严密或防水层局部损坏，部件接槎封口处搭接长度不够等。所以这些部位一定要格外注意，处理时一定要细致，不能有丝毫的马虎。

4 防水涂刷不固化的解决办法

涂膜防水层涂刷24小时未固化仍有粘连现象，涂刷第二道涂料有困难时，可先涂一层滑石粉，以便在操作时不粘脚，且不会影响涂膜质量。

5 细部附加层施工

地面的地漏、管根、出水口、卫生洁具等根部（边沿），阴阳角等部位，应在大面积涂刷前，先做一布二油防水附加层，两侧各压交界缝200mm。涂刷防水材料，具体要求是，在常温4小时表干后，再刷第二道涂膜防水材料，24小时实干后，即可进行大面积涂膜防水层施工。

隔墙施工

隔墙材料决定了预算的高低

预算要点

（1）木作隔墙的骨架有两种选择，一是有防火、防潮的轻钢龙骨骨架，二是造价低廉、施工便捷的木龙骨骨架。

（2）砖砌隔墙是家装中最常见的隔墙施工材料，其市场价格并不高，却有坚固、隔音效果好等优点。

（3）玻璃砖隔墙通常使用在卫生间及厨房等位置，因其有良好的防水性能，有出色的装饰效果。相比较其他隔墙材料，价格略高。

（4）对不同材质隔墙的施工方式有所掌握，可避免在后期施工中发生返工、浪费材料等问题，保证隔墙预算不超支。

隔墙材料不同，预算价格不同

隔墙施工根据不同的选用材料、施工方式等，其预算价格也有较明显的差别。如隔墙就有砖砌隔墙、木作隔墙、玻璃隔墙三类，每一类的隔墙都可根据具体的家居风格而进行设计。其中玻璃隔墙是价格最高的，装饰效果也是最突出的。而从隔音效果与牢固上选择，则是砖砌隔墙的效果更好，砖砌墙依据不同的厚度，可以起到不同的隔音效果。

▲隔墙施工时，墙体接缝处的细节一定要处理好，防止后期发生开裂的现象

骨架隔墙的预算

两种隔墙骨架

骨架隔墙是使用金属材料和木材材料来做龙骨的，并且在龙骨的两边用不同材料的板材做成罩面板，形成一种墙体。隔墙的骨架有两种材料：一是轻钢龙骨是用镀锌钢带或薄钢板轧制经冷弯或冲压而成的。墙体龙骨由横龙骨、竖龙骨及横撑龙骨和各种配件组成，有50、75、100和150四个系列。二是木龙骨，通俗点讲就是木条。一般来说，只要是需要用骨架进行造型布置的部位，都有可能用到木龙骨。

预算估价

轻钢龙骨骨架的市场价格在18~30元/m²。木龙骨骨架的市场价格在20~35元/捆。

隔墙骨架施工重点监控	
一	安装沿地横龙骨：如沿地龙骨安装在踢脚板上，应等踢脚板养护到期达到设计强度后，在其上弹出中心线和边线。其地龙骨固定，如已预埋木砖，则将地龙骨用木螺钉钉结在木砖上。如无预埋件，则用射钉进行固结，或先钻孔后用膨胀螺栓进行连接固定
二	安装贯通龙骨、横撑：根据施工规范的规定，低于3m的隔墙安装一道贯通龙骨。3～5m的隔墙应安装两道。装设支撑卡时，卡距应为400～600mm，距龙骨两端的距离为20～25mm。对非支撑卡系列的竖龙骨，贯通龙骨的稳定可在竖龙骨非开口面采用角托，以抽芯铆钉或自攻螺钉将角托与竖龙骨连接并托住贯通龙骨

TIPS:

石膏板固定的细节处理

安装纸面石膏板饰面宜竖向铺设，长边接缝应安装在竖龙骨上。龙骨两侧的石膏板及龙骨一侧的双层板的接缝应错开安装，不得在同一根龙骨上接缝。轻钢龙骨应用自攻螺钉固定，木龙骨应用木螺钉固定，沿石膏板周边钉间距不得大于200mm，钉与钉间距不得大于300mm，螺钉与板边距离应为10～15mm。安装石膏板时应从板的中部向板的四边固定。钉头略埋入板内，但不得损坏纸面。钉眼应进行防锈处理。石膏板与周围墙或柱应留有3mm的槽口，以便进行防开裂处理。

板材隔墙的预算

1 泰柏板的施工细节

在主体结构墙面中心线和边线上，每隔500mm钻Ø6孔，压片，一侧用长度350～400mmØ6钢筋码，钻孔打入墙体内，泰柏板靠钢筋码就位后，将另一侧Ø6钢筋码以同样的方法固定，夹紧泰柏板，两侧钢筋码与泰柏板横筋绑扎。泰柏板与墙、顶、地拐角处，应设置加强角网，每边搭接不少于100mm（网用胶黏剂点粘），埋入抹灰砂浆内。

预算估价

泰柏板的市场价格在55~95元/张。

2 石膏复合板的施工细节

复合板安装时，在板的顶面、侧面和板与板之间，均匀涂抹一层胶黏剂，然后上、下顶紧，侧面要严实，缝内胶黏剂要饱满。板下面塞木楔，一般不撤除，但不得露出墙外。

预算估价

彩钢的石膏复合板的市场价格在120~140元/m²。

3 石膏空心条板的施工细节

从门口通天框开始进行墙板安装，安装前在板的顶面和侧面刷涂水泥素浆胶黏剂，然后先推紧侧面，再顶牢顶面，板下侧1/3处垫木楔，并用靠尺检查垂直、平整度。踢脚线施工时，用108胶水泥浆刷至踢脚线部位，初凝后用水泥砂浆抹实压光。饰面可根据设计要求，做成喷涂油漆或贴墙纸等饰面层。也可用108胶水泥浆刷涂一道，抹一层水泥混合砂浆，再用纸筋灰抹面，再喷涂色浆或涂料。

预算估价

石膏空心条板的市场价格在70~100元/m²。

板材隔墙施工重点监控	
一	泰柏板隔墙抹灰：先在隔墙上用1：2.5水泥砂浆打底，要求全部覆盖钢丝网，表面平整，抹实48小时后用1：3的水泥砂浆罩面，压光。抹灰层总厚度为20mm，先抹隔墙的一面，48小时后抹另一面。抹灰层完工后，3天内不得受任何撞击
二	石膏复合板墙基施工：墙基施工前，楼地面应进行毛化处理，并用水湿润，现浇墙基混凝土
三	石膏空心板嵌缝：板缝用石膏腻子处理，嵌缝前先刷水湿润，再嵌抹腻子

砖砌隔墙的预算

1 黏土砖隔墙

黏土砖隔墙是用普通黏土砖、黏土空心砖顺砌或侧砌而成。因墙体较薄，稳定性差，因此需要加固。对顺砌隔墙，若高度超过3m，长度超过5m，通常每隔5～7皮砖，在纵横墙交接处的砖缝中放置两根Ø4的锚拉钢筋。在隔墙上部和楼板相接处，应用立砖斜砌。当墙上没门时，则要用预埋铁件或木砖将门框拉结牢固。

预算估价

黏土砖隔墙的市场价格在90~110元/m²。

2 砌块隔墙

砌块隔墙又称超轻混凝土隔断，是用比普通黏土砖砌积大、堆密度小的超轻混凝土砌块砌筑的。常见的有加气混凝土、泡沫混凝土、蒸养硅酸盐砌块、水泥炉渣砌块等。加固措施与黏土砖隔墙相似。采用防潮性能差的砌块时，宜在墙下部先砌3～5皮砖厚墙基。

预算估价

砖砌隔墙的市场价格在95~125元/m²。

砖砌隔墙施工重点监控	
一	砖浇水湿润：砖必须在砌筑前一天浇水湿润，一般以水浸入砖四边1.5cm为宜，含水率为10%～15%，常温施工不得用干砖上墙；雨季不得使用含水率达到饱和状态的砖砌墙；冬期浇水有困难的，则必须适当增大砂浆黏稠度
二	砌筑：砌砖宜采用一铲灰、一块砖、一挤揉的“三一”砌砖法，即满铺满挤操作法。砌砖一定要跟线，“上跟线、下跟棱，左右相邻要对平”。水平灰缝厚度和竖向灰缝宽度一般为10mm，但不应小于8mm也不应大于12mm。砌筑砂浆应随搅拌随使用，水泥砂浆必须在3小时内用完，水泥混合砂浆必须在4小时内用完，不得使用过夜砂浆。

TIPS:
材料摆放应方便使用

砖、水泥、沙子等材料应尽量分散堆放在施工时方便可取之处，避免二次搬运。绝对不能全部堆放在一个地方，同时水泥应做好防水防潮措施。黏土砖或者砌块必须提前浇水湿润，施工时将地面清扫干净。

玻璃砖隔墙的预算

1 玻璃砖隔墙施工

预算估价

玻璃砖隔墙的市场价格在260~400元/m^2。

首先是踢脚台施工。踢脚台的结构构造如果为混凝土，应将楼板凿毛、立模，洒水浇筑混凝土；如果为砖砌体，则按踢脚台的边线，砌筑砖踢脚。在踢脚台施工中，两端应与结构墙锚固并按设计要求的间距预埋防腐木砖。如采用框架，则应先做金属框架。每砌一层，按水平、垂直灰缝10mm，拉通线砌筑。在每一层中，将2根Ø6的钢筋，放置在玻璃砖中心的两边，压入砂浆的中央，钢筋两端与边框电焊牢固。

2 有框落地玻璃隔墙施工

预算估价

有框落地玻璃隔墙的市场价格在350~480元/m^2。

首先是固定框架。固定框架时，组合框架的立柱上、下端应嵌入框顶和框底的基体内25mm以上，转角处的立柱嵌固长度应在35mm以上。框架连接采用射钉、膨胀螺栓、钢钉等紧固时，其紧固件离墙（或梁、柱）边缘不得少于50mm，且应错开墙体缝隙，以免紧固失效。然后安装玻璃。玻璃不能直接嵌入金属下框的凹槽内，应先垫氯丁橡胶垫块（垫块宽度不能超过玻璃厚度，长度根据玻璃自重决定），然后将玻璃安装在框格凹槽内。

3 无竖框玻璃隔墙施工

预算估价

无竖框玻璃隔墙的市场价格在400~500元/m^2。

首先安装框架。如果结构面上没有预埋铁件，或预埋铁件位置不符合要求，则按位置中心钻孔，埋入膨胀螺栓，然后将型钢按已弹好的位置安放好。型钢在安装前应刷好防腐涂料，焊好后在焊接处再刷防锈漆。然后安装大玻璃、玻璃肋。先安装靠边结构边框的玻璃，将槽口清理干净，垫好防震橡胶垫块。玻璃之间应留2～3mm的缝隙或留出玻璃肋厚度相同的缝，以便安装玻璃肋和打胶。

墙地砖施工

掌握施工细节 合理控制预算

预算要点

（1）墙面的瓷砖铺贴价格相对是比较固定的，而其中人工费用较高的是腰线与花砖以及马赛克的铺贴。

（2）地面瓷砖施工最重要的是水平度的把控与粘贴的牢固度两个方面。

（3）地面瓷砖与地面石材的铺贴价格相差不大，但施工工艺却有较明显的区别。因此，施工时应格外注意铺贴的顺序与细节。

（4）不论是石材、马赛克，还是墙地面瓷砖铺贴，掌握了其中的施工技巧，可避免返工的情况发生，以增加不必要的预算支出。

细致的规划墙地砖铺贴预算

墙地砖施工的预算包括不同的材料，如瓷砖、马赛克、石材等；包括不同的施工位置，如墙面粘贴瓷砖、地面铺贴瓷砖；包括不同的拼贴方式，如拼花瓷砖、大理石拼花等。因此，想要掌握墙地砖的预算造价，就需要对墙地砖的施工工艺有必要的了解，通过细致地规划不同位置的瓷砖铺贴方式，计算出总的墙地砖铺贴预算。

▲铺设带边线的地砖时，两边的宽度应保持一致

墙砖铺贴的预算

1 墙砖铺贴前应预排

内墙砖镶贴前应预排，要注意同一墙面的横竖排列，不得有一行以上的非整砖。非整砖应排在次要部位或阴角处，排砖时可用调整砖缝宽度的方法解决。如无设计规定，接缝宽度可在1～1.5mm调整。在管线、灯具、卫生设备支撑等部位，应用整砖套割吻合，不得用非整砖拼凑镶贴，以保证美观效果。

预算估价

墙砖粘贴的人工价格在50~65元/m²。

2 揭除马赛克护面纸

马赛克应按缝对齐，联与联之间的距离应与每联排缝一致，再将硬木板放在已经贴好的马赛克纸面上，用小木锤敲击硬木板，逐联满敲一遍，保证贴面平整。待粘结层开始凝固即可在马赛克护面纸上用软毛刷刷水湿润。护面纸吸水泡开后便可揭纸。揭纸应先试揭。在湿纸水中撒入水泥灰搅匀，能加快纸面吸水速度，使揭纸时间提前。揭纸应仔细按顺序用力向下揭，切忌往外猛揭。

预算估价

墙面粘贴马赛克的人工价格在95~120元/m²。

马赛克墙砖施工重点监控	
一	软贴法粘贴马赛克：粘贴陶瓷锦砖时，一般自上而下进行。在抹黏结层之前，应在湿润的找平层上刷素水泥浆一遍，抹3mm厚的1：1：2纸筋石灰膏水泥混合浆粘结层。待粘结层用手按压无坑印时，即在其上弹线分格，由于灰浆仍稍软，故称为“软贴法”。同时，将每联陶瓷锦砖铺在木板上（底面朝上），用湿棉纱将锦砖粘结层面擦拭干净，再用小刷蘸清水刷一道。随即在锦砖粘贴面刮一层2mm厚的水泥浆，边刮边用铁抹子向下挤压，并轻敲木板振捣，使水泥浆充盈拼缝内，排出气泡。然后在粘结层上刷水、湿润，将锦砖按线、靠尺粘贴在墙面上，并用木锤轻轻拍敲按压，使其更加牢固
二	硬贴法粘贴马赛克：硬贴法是在已经弹好线的找平层上洒水，刮一层厚度在1～2mm的素水泥浆，再按软贴法进行操作。但此法的不足之处是找平层上的所弹分格线被素水泥浆遮盖，锦砖铺贴无线可依
三	干缝洒灰湿润法粘贴马赛克：在锦砖背面满撒1：1细沙水泥干灰（混合搅拌应均匀）充盈拼缝，然后用灰刀刮平，并洒水使缝内干灰湿润成水泥砂浆，再按软贴法贴于墙面。贴时应注意缝格内干砂浆应撒填饱满，水湿润应适宜，太干易使缝内部分干灰在提纸时漏出，造成缝内无灰；太湿则锦砖无法提起不能镶贴。此法由于缝内充盈良好，可省去擦缝，揭纸后只需稍加擦拭即可

了解墙砖施工问题，不返工才能省预算

1 检查墙砖的等级是否一致

墙砖在使用前，要仔细检查墙砖的尺寸（长度、宽度、对角线、平整度）、色差、品种，防止混等混级。墙砖的品种、规格、颜色和图案应符合设计、住户的要求，表面不得有划痕，缺棱掉角等质量缺陷。

2 非整砖的粘贴技巧

粘贴前应选好基准点，进行放线定位和排砖，非整砖应排放在次要部位或阴角处。每面墙不宜有两列非整砖，非整砖宽度不宜小于整砖的1/3。贴前应确定水平及竖向标志，垫好底尺，挂线铺贴。墙面砖表面应平整、接缝应平直、缝宽应均匀一致。阴角砖应压向正确，阳角线宜做成45°角对接，在墙面凸出物处，应整砖套割吻合，不得用非整砖拼凑铺贴。

3 掌握适合的墙砖预留缝隙

由于基础层、粘接层与瓷砖本身的热胀冷缩系数差异很大，经过1~2年的热冷张力破坏，过密的铺贴易造成瓷砖鼓起、断裂等问题。在铺贴瓷砖时，接缝可在2~3mm调整。同时，为避免浪费材料，可先随机抽样若干选好的产品放在地面进行不粘合试铺，若发现有明显色差、尺寸偏差、砖与砖之间缝隙不平直、倒角不均匀等情况，在进行砖位调整后仍没有达到满意效果的，应当及时停止铺设，并与材料商联系进行调换。

4 花砖、腰线要不要预铺

作为拼贴或者是装饰用的花砖、腰线，很多工人和业主觉得没有必要预铺，直接按预先弹出的线进行铺装就好。其实，作为美观装饰用的花砖、腰线，在铺贴效果上要求更高，尤其是在一些细节上的瑕疵往往会影响最终的平面效果。

5 瓷砖贴完后颜色不一样

出现这样的问题，主要原因除了瓷砖质量差、轴面过薄外，施工方法不当也是一个非常重要的因素之一。在贴砖过程中，应严格选好材料，浸泡袖面砖应使用清洁干净的水，用于粘贴的水泥砂浆应使用干净的沙子和水泥，操作时要随时清理砖面上残留的砂浆。

地砖铺贴的预算

1 掌握地面铺砖的顺序

地面铺砖的顺序依次为：按线先铺纵横定位带，定位带间隔15～20块砖，然后铺定位带内的陶瓷地砖；从门口开始，向两边铺贴；也可按纵向控制线从里向外倒着铺；踢脚线应在地面做完后铺贴；楼梯和台阶踏步应先铺贴踢板，后铺贴踏板，踏板先铺贴防滑条；镶边部分应先铺镶；铺砖时，应抹素水泥浆，并按陶瓷地砖的控制线铺贴。

预算估价

地砖粘贴的人工价格在50~65元/m²。

2 马赛克地面铺贴的方法

铺贴时，在铺贴部位抹上素水泥稠浆，同时将陶瓷锦砖面刷湿，然后用方尺兜方，拉好控制线按顺序进行铺贴。当铺贴快接近尽头时，应提前量尺预排，提早做调整，避免造成端头缝隙过大或过小。每联陶瓷锦砖之间，如在墙角、镶边和靠墙处应紧密贴合，靠墙处不得采用砂浆填补，如缝隙过大，应裁条嵌齐。

预算估价

地面粘贴马赛克的人工价格在95~115元/m²。

陶瓷地砖施工重点监控	
一	贴饼、冲筋：根据墙面的50线弹出地面建筑标高线和踢脚线上口线，然后在房间四周做灰饼。灰饼表面应比地面建筑标高低一块砖的厚度。厨房及卫生间内陶瓷地砖应比楼层地面建筑标高低20mm，并从地漏和排水孔方向做放射状标筋，坡度应符合设计要求
二	铺结合层砂浆：应提前浇水湿润基层，刷一遍水泥素浆，随刷随铺1：3的干硬性水泥砂浆，根据标筋标高，首先将砂浆用刮尺拍实刮平，其次再用长刮尺刮一遍，最后用木抹子抹平
三	压平、拔缝：每铺完一个房间或区域，用喷壶洒水后大约15分钟用木锤垫硬木拍板按铺砖顺序拍打一遍，不得漏拍，在压实的同时用水平尺找平。压实后，拉通线先竖缝后横缝进行拔缝调直，使缝口平直、贯通。调缝后，再用木锤，拍板拍平。如果陶瓷地砖有破损，应及时更换
四	嵌缝：陶瓷地砖铺完2天后，将缝口清理干净，并刷水湿润，用水泥浆嵌缝。如是彩色地面砖，则用白水泥或调色水泥浆嵌缝，嵌缝做到密实、平整、光滑，在水泥砂浆凝结前，应彻底清理砖面灰浆，并将地面擦拭干净

了解地砖施工问题，不返工才能省预算

1 铺砖前先清扫地面

混凝土地面应将基层凿毛，凿毛深度5～10mm，凿毛痕的间距为30mm左右。清净浮灰，砂浆、油渍，将地面洒水刷扫。或用掺108胶的水泥砂浆拉毛。抹底子灰后，底层六七成干时，进行排砖弹线。基层必须处理合格。基层湿水可提前一天实施。

2 弹线确保地砖水平度

铺贴前应弹好线，在地面弹出与门道口成直角的基准线，弹线应从门口开始，以保证进口处为整砖，非整砖置于阴角或家具下面，弹线应弹出纵横定位控制线。正式粘贴前必须粘贴标准点，用以控制粘贴表面的平整度，操作时应随时用靠尺检查平整度，不平、不直的，要取下重粘。

3 铺贴前应先浸泡瓷砖

铺贴陶瓷地面砖前，应先将陶瓷地面砖浸泡两个小时以上，以砖体不冒泡为准，取出晾干待用。以免影响其凝结硬化，发生空鼓、起壳等问题。

4 水泥涂刷应饱满

铺贴时，水泥砂浆应饱满地抹在陶瓷地面砖背面，铺贴后用橡皮锤敲实。同时，用水平尺检查校正，擦净表面水泥砂浆。铺粘时遇到管线、灯具开关、卫生间设备的支承件等，必须用整砖套割吻合。

5 铺贴完成后的晾干时间

铺贴完2～3小时后，用白水泥擦缝，用水泥、沙子比例为1：1（体积比）的水泥砂浆，缝要填充密实，平整光滑。再用棉丝将表面擦净。铺贴完成后，2～3小时内不得上人。其中，陶瓷锦砖应养护4～5天才可上人。

石材铺贴的预算

铺贴石材前应试拼、试排

在正式铺设前，对每一房间的大理石（或花岗石）板块，应按图案、颜色、纹理试拼，将非整块板对称排放在房间靠墙部位，试拼后按两个方向编号排列，按编号码放整齐。然后，在房间内的两个相互垂直的方向铺两条干沙，其宽度大于板块宽度，厚度不小于3cm。结合施工大样图及房间实际尺寸，把大理石（或花岗石）板块排好，以便检查板块之间的缝隙，核对板块与墙面、柱、洞口等部位的相对位置。

预算估价

石材地面铺贴的人工价格在60~75元/m²。

石材地面施工重点监控	
一	铺砌大理石（或花岗石）板块：板块应先用水浸湿，待擦干或表面晾干后方可铺设；根据房间拉的十字控制线，纵横各铺一行，作为大面积铺砌标筋用。依据试拼时的编号、图案及试排时的缝隙（板块之间的缝隙宽度，当设计无规定时不应大于1mm），在十字控制线交点开始铺砌。先试铺即搬起板块对好纵横控制线铺落在已铺好的干硬性砂浆结合层上，用橡皮锤敲击木垫板（不得用橡皮锤或木锤直接敲击板块），振实砂浆至铺设高度后，将板块掀起移至一旁，检查砂浆表面与板块之间是否相吻合。如发现空虚之处，应用砂浆填补。然后正式镶铺，先在水泥砂浆结合层上满浇一层水灰比为1：2的素水泥浆（用浆壶浇均匀），再铺板块，安放时四角同时往下落，用橡皮锤或木锤轻击木垫板，根据水平线用铁水平尺找平，铺完第一块，向两侧和后退方向顺序铺砌。铺完纵、横行之后有了标准，可分段分区依次铺砌，一般房间宜先里后外进行，逐步退至门口，便于成品保护，但必须注意与楼道相呼应。也可从门口处往里铺砌，板块与墙角、镶边和靠墙处应紧密砌合，不得有空隙
二	灌缝、擦缝：在板块铺砌后1～2昼夜进行灌浆擦缝。根据大理石（或花岗石）颜色，选择相同颜色矿物颜料和水泥（或白水泥）拌和均匀，调成1：1稀水泥浆，用浆壶徐徐灌入板块之间的缝隙中（可分几次进行），并用长把刮板把流出的水泥浆刮向缝隙内，至基本灌满为止。灌浆1～2小时后，用棉纱团蘸原稀水泥浆擦缝与板面擦平，同时将板面上水泥浆擦净，使大理石（或花岗石）面层的表面洁净、平整、坚实，以上工序完成后，将面层加以覆盖。养护时间不应小于7天

吊顶施工

轻钢龙骨吊顶是更具性价比的材料

预算要点

（1）影响吊顶施工预算价格的主要是龙骨骨架，选择的龙骨骨架不同，其材料价格的高低直接地影响了吊顶施工的预算。

（2）轻钢龙骨具有防水、防火、防潮等优点，是当下房屋装修中最常用到的吊顶骨架材料，而且其市场价格不高，是最具性价比的吊顶材料。

（3）木龙骨是传统的吊顶施工材料，其有施工便捷、容易使用等优点，相比较轻钢龙骨石膏板吊顶，其有价格上的优势，可最大化地节省吊顶预算支出。

（4）吊顶施工难免会发生一些棘手的、难以解决的问题，而掌握这些问题的解决方法，可使吊顶施工更加地顺利。

掌握石膏板吊顶的预算方法

石膏板吊顶价格的计算方式是按吊顶展开的面积来计算的，单位为元每平方米。装修石膏板吊顶价格受吊顶造型设计所影响。石膏板吊顶的造型设计越是精巧复杂，其花费的人力便越大，石膏板吊顶的价格也越贵。石膏板吊顶的价格也受施工工艺的影响，越是复杂精巧的吊顶，其对于施工工艺的要求也较高，这样产生的人工费也较高。

▲吊顶中的木龙骨或是轻钢龙骨在安装时，应保持固定的距离，方便后期的石膏板安装

轻钢龙骨石膏板吊顶的预算

轻钢龙骨石膏板吊顶的施工条件

结构施工时，应在现浇混凝土楼板或预制混凝土楼板缝，按设计要求间距，预埋Ø6～Ø10钢筋混吊杆，设计无要求时按大龙骨的排列位置预埋钢筋吊杆，一般间距为900～1200mm。当吊顶房间的墙柱为砖砌体时，应在吊顶的标高位置沿墙和柱的四周，砌筑时预埋防腐木砖，沿墙间距为900～1200mm，预埋每边应埋设木砖两块以上。

预算估价

轻钢龙骨石膏板吊顶的市场价格在125~155元/m^2。

轻钢龙骨石膏板吊顶施工重点监控	
一	安装大龙骨：在大龙骨上预先安装好吊挂件；将组装吊挂件的大龙骨，按分档线位置使吊挂件穿入相应的吊杆螺母，拧好螺母；采用射钉固定，设计无要求时射钉间距为1000mm
二	安装中龙骨：中龙骨间距一般为500～600mm
三	当中龙骨长度需多根延续接长时，用中龙骨连接件，在吊挂中龙骨的同时相连，调直固定
四	安装小龙骨：小龙骨间距一般在500～600mm；当采用T形龙骨组成轻钢骨架时，小龙骨应在安装罩面板时，每装一块罩面板先后各装一根卡档小龙骨
五	刷防锈漆：轻钢骨架罩面板顶棚，焊接处未做防锈处理的表面（如预埋，吊挂件，连接件，钉固附件等），在交工前应刷防锈漆

了解轻钢龙骨吊顶施工问题，不返工才能省预算

1 弹线确保吊顶水平度

首先应在墙面弹出标高线、造型位置线、吊挂点布局线和灯具安装位置线。在墙的两端固定压线条，用水泥钉与墙面固定牢固。依据设计标高，沿墙面四周弹线，作为顶棚安装的标准线，其水平允许偏差为±5mm。

2 藻井式吊顶的方法

遇藻井式吊顶时，应从下固定压条，阴阳角用压条连接。注意预留出照明线的出口。吊顶面积大时，应在中间铺设龙骨。采用藻井式吊顶时，如果高差大于300mm，则应采用梯层分级处理。龙骨结构必须坚固，大龙骨间距不得大于500mm。龙骨固定必须牢固，龙骨骨架在顶、墙面都必须有固定件。木龙骨底面应抛光刮平，截面厚度一致，并应进行阻燃处理。

3 安装前检查石膏板的完好度

面板安装前应对安装完的龙骨和面板板材进行检查，板面平整，无凹凸，无断裂，边角整齐。安装饰面板应与墙面完全吻合，有装饰角线的可留有缝隙，饰面板之间接缝应紧密。

4 预留灯口的位置

吊顶时应在安装饰面板时预留出灯口位置。饰面板安装完毕后，还须进行饰面的装饰作业，常用的材料为乳胶漆及壁纸，其施工方法同墙面施工。

5 掌握吊顶形式与质量控制

在室内装修吊顶工程中，现在大多采用的是悬挂式吊顶，首先要注意材料的选择；其次要严格按照施工规范操作，安装时，必须位置正确，连接牢固。用于吊顶、墙面、地面的装饰材料应是不燃或难燃的材料，木质材料属易燃型，因此要做防火处理。吊顶里面一般都要敷设照明、空调等电气管线，应严格按规范作业，以避免产生火灾隐患。

6 玻璃或灯箱吊顶要使用安全玻璃

用色彩丰富的彩花玻璃、磨砂玻璃做吊顶很有特色，在家居装饰中应用也越来越多，但是如果用料不当，很容易发生安全事故。为了使用安全，在吊顶和其他易被撞击的部位应使用安全玻璃，目前，我国规定钢化玻璃和夹胶玻璃为安全玻璃。

木龙骨石膏板吊顶的预算

木龙骨石膏板吊顶的骨架材料

木材骨架料应为烘干、无扭曲的红白松树种，不得使用黄花松。木龙骨规格按设计要求选取，如设计无明确规定时，大龙骨规格为50mm×70mm或50mm×100mm，小龙骨规格为50mm×50mm或40mm×60mm，吊杆规格为50mm×50mm或40mm×40mm。同时需要的其他材料有圆钉、Ø6或Ø8螺栓、射钉、膨胀螺栓、胶黏剂、木材防腐剂和8号镀锌钢丝。

预算估价

木龙骨石膏板吊顶的市场价格在115~145元/m^2。

木龙骨石膏板吊顶施工重点监控	
一	安装大龙骨：将预埋钢筋弯成环形圆钩，穿8号镀锌钢丝或用Ø6～Ø8螺栓将大龙骨固定，并保证其设计标高。吊顶起拱按设计要求确定，设计无要求时一般为房间跨度的1/300～1/200
二	安装小龙骨： 1. 小龙骨底面刨光、刮平、截面厚度应一致； 2. 小龙骨间距应按设计要求确定，设计无要求时，应按罩面板规格决定，一般为400～500mm。 3. 按分档线先定位安装通长的两根边龙骨，拉线后各根龙骨按起拱标高，通过短吊杆将小龙骨用圆钉固定在大龙骨上，吊杆要逐根错开，吊钉不得在龙骨的同一侧面上。通长小龙骨对接接头应错开，采用双面夹板用圆钉错位钉牢，接头两侧各钉两个钉子。 4. 安装卡档小龙骨：按通长小龙骨标高，在两根通长小龙骨之间，根据罩面板材的分块尺寸和接缝要求，在通长小龙骨底面横向弹分档线，以底找平钉固卡档小龙骨
三	防腐处理：顶棚内所有露明的铁件在钉罩面板前必须刷防腐漆，木骨架与结构接触面应进行防腐处理
四	安装管线设施：在弹好顶棚标高线后，应进行顶棚内水、电设备管线安装，较重吊物不得吊于顶棚龙骨上
五	安装罩面板：罩面板与木骨架的固定方式用木螺钉拧固法

了解木龙骨吊顶施工问题，不返工才能省预算

1 了解石膏板出现波浪纹的原因

纸面石膏板吊顶也常会出现不规则的波浪形，形成的主要原因有：任意起拱，形成拱度不均匀；吊顶周边格栅或四角不平；木材含水率大，产生收缩变形；龙骨接头不平有硬弯，造成吊顶不平；吊杆或吊筋间距过大，龙骨变形后产生不规则挠度；木吊杆顶头劈裂，龙骨受力后下坠；用钢筋作吊杆时未拉紧，龙骨受力后下坠；吊杆吊在其他管道或设备的支架上，由于振动或支架等下坠，造成吊顶不平；受力节点结合不严，受力后产生位移变形。

2 石膏板出现波浪纹的解决办法

想要避免纸面石膏板吊顶出现不规则的波浪形的问题，吊顶木材应选用优质木材，如松木、杉木，其含水率应控制在12%以内。龙骨应顺直，不应扭曲有横向贯通断面的节疤。吊顶施工应按设计标高在周墙上弹线找平，装钉时四周以水平线为准，中间接水平线的起拱高度为房间短向跨度的1/200，纵向拱度应吊匀。受力节点应装钉严密、牢固，确保龙骨的整体刚度。

3 吊顶变形开裂的原因与解决办法

湿度是影响纸面石膏板和胶合板开裂变形最主要的环境因素，不当环境是导致吊顶变形开裂的另一个原因。在施工过程中存在来自各方面的湿气，使板材吸收周围的湿气，而在长期使用中又逐渐干燥收缩，从而产生板缝开裂变形。

在施工中应尽量降低空气湿度，保持良好的通风，尽量等到混凝土含水量达到标准后再施工。尽量减少湿作业，在进行表面处理时，可对板材表面采取适当封闭措施，如滚涂一遍清漆，以减少板材的吸湿。

TIPS:

吊顶石膏板缝隙处理

吊顶竣工后半年左右，纸面石膏板接缝处开始出现裂缝。解决的办法是石膏板吊顶时，要确保石膏板在无应力状态下固定。龙骨及紧固螺丝间距要严格按设计要求施工；整体满刮腻子时要注意，腻子不要刮得太厚。

柜体施工 柜体造型的难易程度决定预算高低

预算要点

（1）有些柜体施工材料是需要后期油漆处理的，有些则不需要。如大芯板制作的衣柜就需要后期的油漆处理，而这无形中又增加了柜体的制作预算。

（2）根据不同的柜体造型，其预算价格也随着施工的难易程度，增加或者减少。

（3）衣柜的制作是常见的柜体施工项目。现场制作的衣柜可以充分地利用空间面积，相比较成品衣柜，其还有价格上的优势。

（4）柜体的安装预算是相对固定的，不同柜体间的安装价格也是相对透明的。

柜体施工预算的几个方面

柜体施工的预算价格分为柜体材料、柜体类型与柜体安装三个部分。其中，柜体制作的预算差别主要表现在使用材料上，如选择实木板的柜体设计更美观，相对其价格也较高；柜体类型的不同，决定了柜体有不同的造型样式，而越复杂的造型，则越会提升预算的造价；相对而言，柜体安装的价格是比较稳定的，一般是成品柜的安装，如安装橱柜、吊柜等，其价格往往是按项计算的。

▲制作柜体时，一定要注意收边条的处理是否细密，粘贴一定要牢固

柜体的材料预算

1 密度板

预算估价

密度板的市场价格在35~75元/张。

密度板可分为高密度板、中密度板和低密度板。一般多数采用的是中密度板,这种材料依靠机器的压制，现场施工可能性几乎为零。木工极少采用密度板来做细木工活，主要依靠构件组合。密度板最主要的缺点是膨胀性大，遇水后，基本上就不能再用了。另外，其抗弯性能也较差，不能用于受力大的项目。

2 大芯板

预算估价

大芯板的市场价格在100~145元/张。

大芯板的芯材具有一定的强度，当尺寸较小时，使用大芯板的效果要比其他的人工板材的效果更佳。大芯板的材质特点与现代木工的施工工艺基本上是一致的，其施工方便、速度快、成本相对较低，所以受到许多人的喜爱。大芯板的施工工艺主要采用钉接，同时也适用于简单的粘压工艺。大芯板的最主要缺点是其横向抗弯性能较差，当用于书柜等家具时，因跨度大，其强度往往不能满足承重的要求，解决的方法只能是将书架的间隔缩小。

3 细芯板

预算估价

细芯板的市场价格在85~125元/张。

细芯板早于大芯板面世，是木工工程中较为传统的材料，细芯板强度大，抗弯性能好，在很多装修项目中，它都能胜任。在一些需要承重的结构部位，使用细芯板强度更好。细芯板中的九厘板更是很多工程项目的必用材料。细芯板和大芯板一样，主要采用钉接的工艺，同样也可以简单地粘压。细芯板的最主要缺点是其自身稳定性要比其他的板材差，这是由其芯材材料的一致性差异造成的，这使得细芯板的变形可能性增大。所以，细芯板不适宜用于单面性的部位，如柜门等。

不同柜体制作的预算价格

1 鞋柜的制作

预算估价

鞋柜的市场价格在450~550元/m^2。

（1）根据身高、鞋子的大小等因素确定鞋柜的宽度；

（2）里面隔板可以做成斜的（可以放下大点的鞋子）；

（3）鞋柜内部灰尘比较多，向里斜的隔板，注意在里面留有缝隙（灰尘可以落到底层）；

（4）有的人喜欢在柜子里贴壁纸，但贴壁纸容易脏，最好刷油漆或贴塑料软片。

2 玄关柜的制作

预算估价

玄关柜的市场价格在600~850元/m^2。

（1）如果是一个小鞋柜，那就可以做成可活动式的，将来往家里搬家具，可以挪开，比较方便；

（2）还有一种固定式的，在制作的时候就要把鞋柜固定在墙面，从而保证造型与墙面之间无缝隙及保证顶部造型的承重；

（3）换鞋要方便、要有抽屉（可放钥匙等）、有放雨伞的位置、最好再有个镜子（出门时可照一下镜子）、还可以设一个挂衣服的钩；家里有老年人的还要设一个墩，坐在墩上换鞋会方便些。

3 衣柜的制作

预算估价

衣柜不含柜门的市场价格在650~750元/m^2。

（1）带柜门的柜子，门的施工应该为一张大芯板开条，再压两层面板。不要一整张大芯板上直接做油漆或贴一张面板，这样容易变形；

（2）注意留有滑轨的空间，滑轨侧面还需要刷油漆，这样能保证衣柜内的抽屉可以自由拉出（抽屉稍微做高一点，不要让推拉门的下轨挡住）；

（3）有时候，柜子没必要做到顶，上面可以用石膏板封起来再刷乳胶漆。

橱柜、吊柜的安装预算

1 壁柜、吊柜的框和架安装

预算估价

安装框、架的人工价格在200~260元/项。

壁柜、吊柜的框和架应在室内抹灰前进行，安装在正确位置后，两侧框每个固定件钉2个钉子与墙体木砖钉固，钉帽不得外露。若隔断墙为加气混凝土或轻质隔板墙时，应按设计要求的构造固定。当设计无要求时可预钻Ø5孔，深70～100mm，并事先在孔内预埋木楔。粘108胶水泥浆，打入孔内粘接牢固后再安装固定柜。采用钢柜时，需在安装洞口固定框的位置预埋铁件，进行框件的焊固。在框、架固定时，应先校正、套方、吊直、核对标高、尺寸、位置准确无误后再进行固定。

2 壁（吊）柜扇安装

预算估价

壁（吊）柜扇安装的人工价格在180~200元/项。

按扇的安装位置确定五金型号、对开扇裁口方向，一般应以开启方向的右扇为盖口扇。安装时应将合页先压入扇的合页槽内，找正拧好固定螺钉，试装时修合页槽的深度等，调好框扇缝隙，框上每支合页先拧一个螺钉，然后关闭，检查框与扇平整、无缺陷，符合要求后将全部螺钉安上拧紧。木螺钉应钉入全长1/3，拧入2/3，如框、扇为黄花松或其他硬木时，合页安装螺钉应画位打眼，孔径为木螺钉的0.9倍直径，眼深为螺钉的2/3长度。

橱柜、吊柜施工重点监控	
一	吊柜的安装应根据不同的墙体采用不同的固定方法
二	底柜安装应先调整水平旋钮，保证各柜体台面、前脸均在一个水平面上，两柜连接使用木螺钉，后背板通管线、表、阀门等应在背板画线打孔
三	安装洗物柜底板下水孔处要加塑料圆垫，下水管连接处应保证不漏水、不渗水，不得使用各类胶黏剂连接接口部分

油漆施工

漆的总类决定预算价格与施工工艺

预算要点

（1）乳胶漆根据涂刷工艺的不同，其预算价格也有相应的改变。一般的乳胶漆涂刷分两种工艺，分别是喷涂工艺与滚涂工艺。

（2）调和漆施工时一定要满足涂刷的遍数，以达到漆面饱满的效果。

（3）木作清漆是常见的木器涂刷材料，其市场价格不高，却可使实木表面更添光泽。

（4）木作色漆通常涂刷在细木工板等复合板材的表面，使木材的表面具有多样的色彩。其市场价格相对清漆较高。

不能为节省预算而增加涂料的兑水量

涂装前应将涂料搅拌均匀，并视具体情况兑水，总水量一般在10%～20%。稀释后使用，一般刷涂两遍，两遍之间的间隔不少于2小时。如果施工人员没有按照标准兑水量施工，兑水量过大，会使漆膜的耐擦洗次数及防霉、防碱性下降，具体表现为：掉粉、用湿布稍微擦洗后露出底材、应该有光泽的高档漆没有光泽且表面粗糙等情况。如果水性涂料没有被均匀搅拌，容易造成桶内的涂料上半部分较稀、色料上浮，导致遮盖力差；下半部分较稠、填料沉淀，导致涂刷后色淡、起粉等现象。

▲滚涂施工的乳胶漆看起来更加的自然，颗粒感的分布也比较的均匀

乳胶漆的施工预算

两种乳胶漆施工工艺

乳胶漆施工一般会采用滚涂和喷涂两种工艺，滚涂工艺在北方地区较为普遍。对于采用喷涂施工的墙体来说，表面确实是越光滑越好，但是对于滚涂来说却不是。采用滚涂的墙面，正常来说都会留有滚花印，如果滚涂后的墙面看起来非常光滑，实际上是漆中加水过多造成的。漆中加水过多会降低漆的附着力，容易出现掉漆问题，同时加水过多会致使漆的含量减少，表面漆膜比较薄，就不能很好地保护墙面，也让漆的弹性下降，难以覆盖腻子层的细小裂纹。

对于使用滚涂工艺处理的乳胶漆墙面，不要追求表面非常光滑的效果，建议采用中短毛的羊毛滚筒来施工，这样墙面的滚花印看起来会比较细致，只要滚花印看起来比较均匀就是符合要求的。

预算估价

乳胶漆滚涂的市场价格在35~50元/m²。
乳胶漆喷涂的市场价格在40~65元/m²。

乳胶漆施工重点监控	
一	基层处理：确保墙面坚实、平整，用钢刷或其他工具清理墙面，使水泥墙面尽量无浮土、浮沉。在墙面辊一遍混凝土界面剂，尽量均匀，待其干燥后（一般在2小时以上），就可以刮腻子了。对于泛碱的基层应先用3%的草酸溶液清洗，然后用清水冲刷干净即可
二	满刮腻子：一般墙面刮两遍腻子即可，既能找平，又能罩住底色。平整度较差的腻子需要在局部多刮几遍。如果平整度极差，墙面倾斜严重，可考虑先刮一遍石膏进行找平，之后再刮腻子。每遍腻子批刮的间隔时间应在2小时以上（表面干以后）。当满刮腻子干燥后，用砂纸将墙面上的腻子残渣、斑迹等打磨、磨光，然后将墙面清扫干净
三	打磨腻子：耐水腻子完全上强度之后(5～7天)会变得坚实无比，此时再进行打磨就会变得异常困难。因此，建议刮过腻子之后1～2天便开始进行腻子打磨。打磨可选在夜间，用200W以上的电灯泡贴近墙面照明，一边打磨一边查看平整程度
四	涂刷底漆：底漆涂刷一遍即可，务必均匀，待其干透后（2～4小时）可以进行下一步骤。涂刷每面墙面的顺序宜按先左后右、先上后下、先难后易、先边后面的顺序进行，不得胡乱涂刷，以免漏涂或涂刷过厚、涂料不均匀等。通常情况下用排笔涂刷，使用新排笔时，要注意将活动的毛笔清理干净。干燥后修补腻子，待修补腻子干燥后，用1号砂纸磨光并清扫干净

了解乳胶漆施工问题，不返工才能省预算

1 乳胶漆要不要用底漆

不少工人在刷墙面漆时，都会对业主说不需要刷底漆，而且还振振有词地说：“新房不需要刷底漆，只有旧房才需要涂刷。”其实不然，墙面涂底漆就好比人化妆打粉底一个道理，底漆的作用是增加墙身与面漆的附着力，填平墙身的凹凸不平，起保护面漆的作用。刷墙面漆前使用配套的底漆，底漆的特殊功能可以全面配合面漆，提升表现力，看上去和实际上的效果都会更好一些。尤其是对于那些采光不好的房屋墙面，容易返潮，更应该选择质量好的底漆。判断底漆的好坏看能否防霉抗碱，VOC含量多少，遮盖力如何，好的底漆既能疏风透气又能防潮防水。

2 浅色漆覆盖深色漆

如果将浅色乳胶漆直接刷在深色乳胶漆上面，涂遮盖不了会有色差。可以先用240号水砂打磨一遍，然后刷涂一遍白色墙漆，再刷浅色漆。浅色漆比较好调，把要刷的漆调一半白色就可以了。最好买遮盖力比较强的（一般是钛白粉含量高的）乳胶漆。

3 涂刷后有刷痕

涂刷在墙体上的乳胶漆，与涂在金属表面上的溶剂型涂料的流平性作比较，乳胶漆差一点，但作为建筑上的装饰，略有些刷痕，人们是可以接受的。对乳胶漆来说，流平性和流挂性是矛盾的，有时为了涂上较厚的漆膜而不流挂，流平性上就略有让步。厂家推荐的稀释率就是考虑这两个因素的平衡，质量好的乳胶漆，就可以兼备这两种性能。对哑光漆来说有一定的刷痕干后并不明显，而对有光漆来说就要求流平性好一些，否则有光漆膜的刷痕容易觉察。用喷涂，可以避免刷痕。

优质乳胶漆的特点	
一	干燥速度快。在25℃时，30分钟内表面即可干燥，120分钟左右就可以完全干燥
二	耐碱性好。涂于呈碱性的新抹灰的墙和顶面及混凝土墙面，不返粘，不易变色
三	允许湿度可达8%～10%，可在新施工完的湿墙面上施工，而且不影响水泥继续干燥
四	调制方便，易于施工。可以用水稀释，用毛刷或排笔施工，工具用完后可用清水清洗，十分便利
五	适应范围广。基层材料是水泥、砖墙、木材、三合土、批灰等，都可以进行乳胶漆的涂刷
六	单就乳胶漆而言，因为没有什么污染性，待漆面干燥后就可以入住使用，对入住基本上没有影响

调和漆的施工预算

预算估价

调和漆涂刷的人工价格在35~45元/㎡。

掌握调和漆的涂刷技巧

调和漆是人造漆的一种，本身具有质地较软、均匀、稀稠适度、耐腐蚀、耐晒、长久不裂、遮盖力强、耐久性好等优点。在具体的施工中，中色、深色调和漆施工时尽量不要掺水，否则容易出现色差。亮光、丝光的乳胶漆要一次完成，否则修补的时候容易出现色差。天气太潮湿的时候，最好不要刷；同样，天气太冷，油漆施工质量也会差一些。天气如果太热，一定要注意通风。

调和漆施工重点监控	
一	第一遍涂刷：第一遍可涂刷铅油，它的遮盖力较强，是罩面层涂料基层的底层涂料。涂刷每面墙面的顺序宜按先左后右、先上后下、先难后易、先边后面的顺序进行，不得胡乱涂刷，以免漏涂或涂刷过厚
二	第二遍涂刷：操作方法同第一遍涂料，如墙面为中级涂饰，此遍可刷铅油；如墙面为高级涂饰，此遍应刷调和漆。待涂料干燥后，可用细砂纸把墙面打磨光滑并清扫干净，同时要用潮湿的布将墙面擦拭一遍
三	第三遍涂刷：用调和漆涂刷，如墙面为中级涂饰，此道工序可作罩面层涂料（最后一遍涂料），其操作顺序同上
四	第四遍涂刷：一般选用醇酸磁漆涂料，此道涂料为罩面层涂料（最后一遍涂料）。当最后一遍涂料改为用无光调和漆时，可将第二遍铅油改为有光调和漆，其他做法相同

TIPS:

腻子膏和腻子粉对比

一般来说，腻子粉比腻子膏好！腻子膏是加了胶水的腻子粉，加入的胶水环保性不得而知。而且，腻子膏保质期短，时间长了发臭（一般保质期只有15天），如果能保存更长时间就说明加了防腐剂。

腻子膏是以聚乙烯醇胶水加粉料搅拌成的墙面装饰材料，但是由于腻子膏所用聚乙烯醇胶水一般为缩醛胶水，该类胶水就是由聚乙烯醇在酸性环境下缩甲醛而成的胶水，由于工艺等原因通常有残余甲醛，所以腻子膏的环保型不敢保证。而腻子粉则相对环保得多，因为甲醛是不能以固态存在的。

木作清漆的施工预算

木作清漆施工的注意事项

打磨基层是涂刷清漆的重要工序，应首先将木器表面的灰尘、油污等杂质清除干净。然后上润油粉也是清漆涂刷的重要工序，施工时用棉丝蘸油粉涂抹在木器的表面上，用手来回揉擦，将油粉擦入到木材的孔眼内。在涂刷清油时，手握油刷要轻松自然，手指轻轻用力，以移动时不松动、不掉刷为准。涂刷时要按照蘸次多、每次少蘸油、操作时勤，顺刷的要求，依照先上后下、先难后易、先左后右、先里后外的顺序和横刷竖顺的操作方法施工。

预算估价

木作清漆含材料及施工的市场价格在90~125元/m²。

木作清漆施工重点监控	
一	基层处理：先将木材表面上的灰尘、胶迹等用刮刀刮除干净，但应注意不要刮出毛刺且不得刮破。然后用1号以上的砂纸顺木纹精心打磨，先磨线角、后磨平面直到光滑为止。当基层有小块翘皮时，可用小刀撕掉；如有较大的疤痕则应由木工修补；节疤、松脂等部位应用虫胶漆封闭，钉眼处用油性腻子嵌补
二	润色油粉：用棉丝蘸油粉反复涂于木材表面。擦进木材的棕眼内，然后用棉丝擦净，应注意墙面及五金上不得沾染油粉。待油粉干后，用1号砂纸顺木纹轻轻打磨，先磨线角后磨平面，直到光滑为止
三	刷油色：先将铅油、汽油、光油、清油等混合在一起过筛，然后倒在小油桶内，使用时要经常搅拌，以免沉淀造成颜色不一致。刷油的顺序应从外向内、从左到右、从上到下且顺着木纹进行
四	刷第一遍清漆：其刷法与油色相同，但刷第一遍清漆应略加一些稀料撤光以便快干。因清漆的黏性较大，最好使用已经用出刷口的旧棕刷，刷时要少蘸油，以保证不流、不坠、涂刷均匀。待清漆完全干透后，用1号砂纸彻底打磨一遍，将头遍漆面上的光亮基本打磨掉，再用潮湿的布将粉尘擦掉
五	拼色与修色：木材表面上的黑斑、节疤、腻子疤等颜色不一致处，应用漆片、酒精加色调配或用清漆、调和漆和稀释剂调配进行修色。木材颜色深的应修浅，浅的提深，将深色和浅色木面拼成一色，并绘出木纹。最后用细砂纸轻轻往返打磨一遍，然后用潮湿的布将粉尘擦掉
六	刷第二遍清漆：清漆中不加稀释剂，操作同第一遍，但刷油动作要敏捷、多刷多理，使清漆涂刷得饱满一致、不流不坠、光亮均匀。刷此遍清漆时，周围环境要整洁

木作色漆的施工预算

木作色漆施工的注意事项

预算估价

木作色漆含材料及施工的市场价格在135~165元/m²。

基层处理时，除清理基层的杂物外，还应进行局部的腻子嵌补，打砂纸时应顺着木纹打磨。在涂刷面层前，应用漆片（虫胶漆）对有较大色差和木脂的节疤处进行封底。应在基层涂干性油或清油，涂刷干性油层要所有部位均匀刷遍，不能漏刷。底子油干透后，满刮第一遍腻子，待干后以手工砂纸打磨，然后补高强度腻子，腻子以挑丝不倒为准。涂刷面层油漆时，应先用细砂纸打磨。另外，油漆都有一定毒性，对呼吸道有较强的刺激作用，施工时一定要注意做好通风。

木作清漆施工重点监控	
一	第一遍刮腻子：待涂刷的清油干透后将钉孔、裂缝、节疤以及残缺处用石膏油腻子刮抹平整。腻子要不软不硬、不出蜂窝、挑丝不倒为准。刮时要横抹竖起，将腻子刮入钉孔或裂纹内。若接缝或裂缝较宽、孔洞较大，可用开刀或铲刀将腻子挤入缝洞内，使腻子嵌入后刮平收净，表面上腻子要刮光、无松散腻子及残渣
二	磨光：待腻子干透后，用1号砂纸打磨，打磨方法与底层打磨相同，但注意不要磨穿漆膜并保护好棱角，不留松散腻子痕迹。打磨完成后应打扫干净并用潮湿的布将打磨下来的粉末擦拭干净
三	涂刷：色漆的几遍涂刷要求，基本上与清漆一样，可参考清漆涂刷进行监控
四	打砂纸：待腻子干透后，用1号以下砂纸打磨。在使用新砂纸时，应将两张砂纸对磨，把粗大的砂粒磨掉，以免打磨时把漆膜划破
五	第二遍刮腻子：待第一遍涂料干透后，对底腻子收缩或残缺处用石膏腻子刮抹一次

TIPS:

掌握最佳的油漆涂刷季节

在油漆涂刷施工中，除了油漆质量的好坏会直接影响到装修的最终效果外，季节环境有时候也是不可忽视的一个因素。通常来说，秋冬季空气干燥，油漆干燥快，从而能有效地减少了空气中尘土微粒的吸附，此时涂刷出的表面效果最佳。

了解木器漆施工问题，不返工才能省预算

1 油漆出现裂纹的处理办法

油漆出现裂纹后，要用化学除漆剂或热风喷枪将漆除去后，再重新上漆。若断裂范围不大，这时可用砂磨块或干湿两用砂纸沾水，磨去断裂的油漆，在表面打磨光滑之后，抹上腻子，刷上底漆，并重新上漆。

2 油漆流淌的处理办法

油漆一次刷得太厚，会造成流淌。可趁漆尚未干，用刷子把漆刷开，若漆已开始变干，则要待其干透，用细砂纸把漆面打磨平滑，将表面刷干净，再用湿布擦净，然后重新上外层漆，注意不要刷得太厚。

3 油漆污斑的处理办法

漆表面产生污斑的原因很多。例如，乳胶漆中的水分溶化墙上的物质而锈出漆面，用钢丝绒擦过的墙面会产生锈斑，墙内暗管渗漏出现污斑等。为防止污斑，可先刷一层含铝粉的底漆，若已出现污斑，可先除去污斑处乳胶漆，刷一层含铝粉的底漆后，再重新上漆。

4 漆面失去光泽的处理办法

漆面失去光泽的原因是未上底漆，或底漆及内层漆未干就直接上有光漆，结果有光漆被木料吸收而失去光泽。有光漆的质量不好也是一个原因。用干湿两用砂纸把旧漆磨掉，刷去打磨的灰尘，用干净湿布把表面擦净，待干透后，再重新刷上面漆。要特别注意的是，在气温很低的环境下涂漆，漆膜干后，也可能会失去光泽。

5 漆膜起皱的处理办法

漆膜起皱通常是因第一遍漆未干即刷第二遍所引起的。这时下层漆中的溶剂会影响上层漆膜，使其起皱。出现这种情况可用化学除汞剂或加热法除去起皱的漆膜，重新上漆。在施工过程中，一定要等第一遍漆干透后，才可上第二遍。

壁纸施工

掌握壁纸完美施工 提升预算价值

预算要点

（1）室内粘贴壁纸的人工费用是相对固定的，也比较的透明，因壁纸的材质与样式不同，其价格浮动较大。

（2）壁纸粘贴有一套完整的流程，掌握了壁纸的粘贴流程，可避免后期的返工情况，造成额外的预算支出。

（3）掌握壁纸粘贴的进场时间，可防止施工中的各种灰尘落入壁纸中，使施工不能达到标准。

（4）了解壁纸施工时常见的一些问题，并掌握解决的办法，业主可自行修理，省去因请装修工人维修而需要付出的预算。

掌握壁纸粘贴方法节省预算

在选择贴墙纸的时候，最好是先计划一下，家里哪些地方是需要贴墙纸的，并且做一个详细的计划，如果不懂可以翻看一下各种家装设计的杂志等。并且规划好选择哪种色调的壁纸墙纸。准备好贴墙纸的工具，包括刮刀、滚筒、刷子、裁刀等。这些工具都可以用家中现有的工具代替。从小地方节约。为了不造成浪费，在贴墙纸的时候，贴墙纸的方法是非常重要的。在贴墙纸之前一定要将墙面处理干净，对于凹凸不平的地方一定要填补平整。测量墙面尺寸大小及纸的大小，如果是花色壁纸，每贴一次，都要将花色对整齐。上胶后贴壁纸时在边缘地方以刷子或滚筒由里往外刷。这样做的目的是避免墙纸出现空隙，造成壁纸的褶皱。

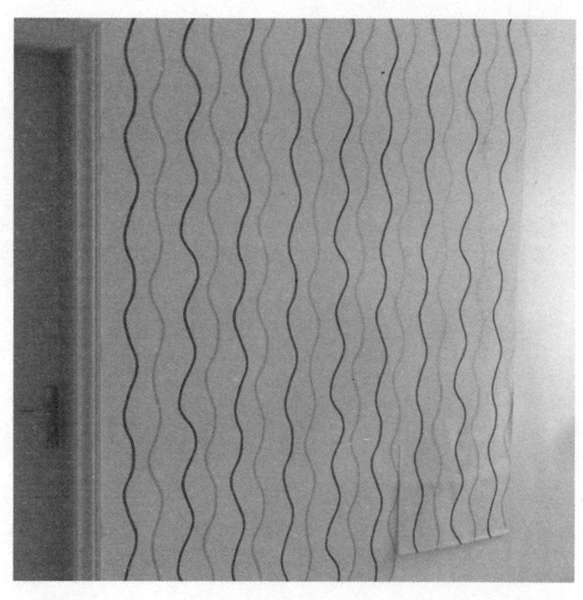

▲粘贴壁纸时，从一侧向另一侧的粘贴顺序可使粘贴出来的效果更加的自然

壁纸的施工预算

壁纸施工时的注意事项

基层处理时，必须清理干净、平整、光滑，防潮涂料应涂刷均匀，不宜太厚。墙面基层含水率应小于8%。墙面平整度用2m靠尺检查，高低差不超过2mm。混凝土和抹灰基层的墙面应清扫干净，将表面裂缝、坑洼不平处用腻子找平。再满刮腻子，打磨平。根据需要决定刮腻子遍数。木基层应刨平，无毛刺、戗槎，无外露钉头。接缝、钉眼用腻子补平。满刮腻子，打磨平整。石膏板基层的板材接缝用嵌缝腻子处理，并用接缝带贴牢，表面再刮腻子。

预算估价

壁纸含材料及人工的市场价格在65~115元/m²。

壁纸施工重点监控	
一	基层处理：刮腻子前，应先在基层刷一层涂料进行封闭，目的是防止腻子粉化、基层吸水；如果是木夹板与石膏板或石膏板与抹灰面的对缝都应粘贴接缝带
二	弹线、预拼：弹线时应从墙面阴角处开始，将窄条纸的裁切边留在阴角处，原因是在阳角处不得有接缝的出现；如遇门窗部位，应以立边分划为宜，以便于褶角贴立边
三	裁切：根据裱糊面的尺寸和材料的规格，两端各留出30～50mm，然后裁出第一段壁纸。有图案的材料，应将图形自墙的上部开始对花。裁切时尺子应压紧壁纸后不再移动，刀刃紧贴尺边，连续裁切并标号，以便按顺序粘贴
四	润纸：塑料壁纸遇水后会自由膨胀，因此在刷胶前必须将塑料壁纸在水中浸泡2～3分钟后取出，静置20分钟。如有明水可用毛巾擦掉，然后才能刷胶；玻璃纤维基材的壁纸遇水无伸缩性，所以不需要润纸；复合纸质壁纸由于湿强度较差而禁止润纸，但为了达到软化壁纸的目的，可在壁纸背面均匀刷胶后，将胶面对胶面对叠，放置4～8分钟后上墙；而纺织纤维壁纸也不宜润纸，只需在粘贴前用湿布在纸背稍擦拭一下即可；金属壁纸在裱糊前应浸泡1～2分钟，阴干5～8分钟，然后再在背面刷胶
五	裱糊：裱糊壁纸时，应按照先垂直面后水平面，然后先细部后大面的顺序进行。其中垂直面先上后下、水平面先高后低。对于需要重叠对花的壁纸，应先裱糊对花，后用钢尺对齐裁下余边。裁切时，应一次切掉不得重割；在赶压气泡时，对于压延壁纸可用钢板刮刀刮平，对于发泡或复合壁纸则严禁使用钢板刮刀，只可使用毛巾或海绵赶平；另外，壁纸不得在阳角处拼缝，应包角压实，壁纸包过阳角应不小于20mm。遇到基层有凸出物体时，应将壁纸舒展地裱在基层上，然后剪去不需要的部分；在裱糊过程中，要防止穿堂风、防止干燥，如局部有翘边、气泡等，应及时修补

壁纸对比乳胶漆的性价比	
一	从效果上看：乳胶漆可以调色，消费者可自由选择；但乳胶漆最多只能刷出纹理的特殊效果，不能刷出花色；壁纸无论花色、图案还是种类选择，空间都很大，可选择范围非常广
二	从环保上看：在壁纸和水性涂料的环保标准中，都有明确的有毒有害物质，禁用和限用数值要求。正规的乳胶漆和壁纸都是可以达到非常环保的标准，部分知名品牌或进口品牌，其环保标准甚至超过国家标准。需要特别注意的是，胶水的环保对于铺贴壁纸的房间的环保系数影响非常大，因此一定要选择质量合格的胶水
三	从性能上看：乳胶漆和壁纸都能遮盖细微的小裂纹，但在轻体墙与原墙相接处、石膏板接缝处等地方最好要进行贴布处理。在防裂性能上，经过一个采暖季，乳胶漆墙面可能会发生裂纹，而壁纸通常都不会出现季节性裂缝，除非是墙体结构性裂缝有可能导致壁纸撕裂
四	从局部维修上看：由于有图案和花色，局部维修壁纸要进行对花等工作，且又是局部铲除原有壁纸，因此壁纸的局部维修不如乳胶漆容易

了解壁纸施工问题，不返工才能省预算

1 先装门还是先贴壁纸

先贴壁纸：如果是先贴壁纸后装门，好处是可以将壁纸边压住，这样比较美观，但是稍不注意把壁纸破坏了，那就损失大了，因为壁纸破了是没法修补的，只能重贴。

先装门：壁纸后贴肯定不会因为装门破坏成品了，但随之而来的问题是，收边不好收，搞不好会出现一些缝隙，影响美观，壁纸和门框结合处，还得打玻璃胶。

在实际中，大多数都是壁纸最后再贴，这样可以保证大面上不出什么问题，至于细节的地方，只要工人稍微细心一点处理，问题不大。另外，局部的美观效果，肯定是要轻于大面的质量要求。

2 掌握壁纸贴完后开窗户通风的时间

壁纸贴完后一般要求是阴干，如果马上通风会造成壁纸和墙面剥离。因为空气的流动会造成胶的凝固加速，没有使其正常的化学反应得到体现，所以贴完壁纸后一般要关闭门窗3～5天，最好一周时间，待壁纸后面的胶凝固后再开窗通风。

3 壁纸表面上有褶皱及棱脊凸起的处理办法

如果是在壁纸刚刚粘贴完时就发现有死褶，且胶黏剂未干燥，这时可将壁纸揭下来重新进行裱糊；如胶黏剂已经干透，则需要撕掉壁纸，重新进行粘贴，但施工前一定要把基层处理干净平整。

4 粘贴壁纸和壁布哪个更好

壁纸：以壁纸来说，从低端到高端，选择多样。一般来说，纸面纸底、胶面纸底和胶面布底这三类壁纸是普遍采用的！但是如果家中有儿童，应尽量使用胶面纸底或是胶面布底的壁纸，因为这两类壁纸可用水擦拭、较易清理，并且也较耐刮！

壁布：壁布的价位比壁纸高，具有隔音、吸声和调节室内湿度等功能。大致上可分为布面纸底、布面胶底和布面浆底。如果需要防水、耐磨和耐刮的特性，布面胶底是不错的选择。但是如果你还在意防火的特性，那么布面浆底类的壁布将是最好的选择。

门窗施工

减少门窗安装费用可节省预算

预算要点

（1）室内门窗施工最多的当属套装门的安装，每一处的房间都需要一个套装门，而根据套装门的定制价钱不同，其安装费用也会有相应的浮动。

（2）铝合金门窗会应用在室内的户外窗户、推拉门等地方，在施工时应注意安装的细节部分，如发泡胶涂抹得是否均匀等。

（3）掌握塑钢门窗施工安装的一些施工技巧，可使安装结果更加的牢固，延长门窗的使用寿命，提升预算价值。

（4）安装全玻门时应格外注意安全，因全玻门有易碎的特点，如果施工不当会浪费掉定制全玻门的预算。

定制门窗商讨免安装费

门窗施工的预算主要是安装费，根据不同材质的门窗，其安装费用不尽相同。如套装门的安装费用一般都是按扇计算价格的，铝合金门窗及塑钢门窗的安装费用是按平方米收费的等。但不论哪种材质的门窗都是需要定制的，因此在业主交付定制门窗价钱的时候，可以和卖方商讨免安装费用，这样便可以节省调门窗施工的安装费。以达到节省门窗整体预算的目的。

▲安装窗时，注意窗边与墙体的密封牢固度。这直接影响后期的日常使用

木门窗的施工预算

1 木制窗的安装

预算估价

木制窗的安装费用在80~125元/扇。

弹线安装窗框、扇应考虑抹灰层的厚度，并根据门窗尺寸、标高、位置及开启方向，在墙上画出安装位置线。有贴脸的门窗、立框时应与抹灰面平，有预制水磨石板的窗，应注意窗台板的出墙尺寸，以确定立框位置。中立的外窗，如外墙为清水砖墙勾缝时，可稍移动，以盖上砖墙立缝为宜。窗框的安装标高，以墙上弹+50cm 平线为准，用木楔将框临时固定于窗洞内，为保证与相隔窗框的平直，应在窗框下边拉小线找直，并用铁水平尺将平线引入洞内作为立框时标准，再用线坠校正吊直。黄花松窗框安装前先对准木砖钻眼，便于钉钉。

2 套装门的安装

预算估价

套装门的安装费用在100~150元/扇。

木门框的安装应在地面工程施工前完成。门框安装应保证牢固，门框应用钉子与木砖钉牢，一般每边不少于两处固定，间距不大于1.2m。若隔墙为加气混凝土条板时，应按要求间距预留45mm 的孔，孔深7 ~ 10cm，并在孔内预埋木橛粘108胶水泥浆加入孔中（木橛直径应大于孔径1mm 以使其打入牢固）。待其凝固后再安装门框。

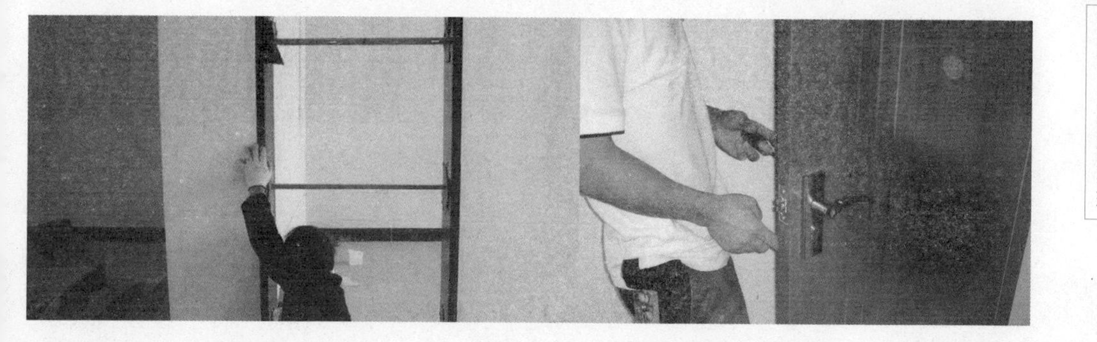

木门扇安装施工重点监控	
一	先确定门的开启方向及小五金型号和安装位置，对开门扇扇口的裁口位置开启方向，一般右扇为盖口扇
二	检查门口是否尺寸正确，边角是否方正，有无窜角；检查门口高度应量门的两侧；检查门口宽度应量门口的上、中、下三点并在扇的相应部位定点画线
三	将门扇靠在框上画出相应的尺寸线，如果扇大，则应根据框的尺寸将大出部分刨去，如果扇小，则应绑木条，用胶和钉子钉牢，钉帽要砸扁，并钉入木材内1 ~ 2mm
四	第一修刨后的门扇应以能塞入口内为宜，塞好后用木楔顶住临时固定。按门扇与口边缝宽合适尺寸，画第二次修刨线，标上合页槽的位置（距门扇的上、下端1/10，且避开上、下冒头）。同时应注意口与扇安装的平整
五	门扇二次修刨，缝隙尺寸合适后即安装合页。应先用线勒子勒出合页的宽度，根据上、下冒头1/10 的要求，钉出合页安装边线，分别从上、下边线往里量出合页长度，剔合页槽时应留线，不应剔得过大、过深
六	合页槽剔好后，即安装上、下合页，安装时应先拧一个螺钉，然后关上门检查缝隙是否合适，口与扇是否平整，无问题后方可将螺钉全部拧上拧紧。木螺钉应钉入全长1/3，拧入2/3。如果门窗为黄花松或其他硬木，安装前应先打眼。眼的孔径为木螺钉的0.9 倍，眼深为螺线长的2/3，打眼后再拧螺钉，以防安装劈裂或螺钉拧断
七	安装对开扇：应将门扇的宽度用尺量好再确定中间对口缝的裁口深度。如采用企口榫时，对口缝的裁口深度及裁口方向应满足装锁的要求，然后对四周修刨到准确尺寸
八	五金安装应按设计图纸要求，不得遗漏。一般门锁、碰珠、拉手等距地高度95 ~ 100cm，插销应在拉手下面，对开门扇装暗插销时，安装工艺同自由门。不宜在中冒头与立梃的结合处安装门锁

了解木门窗施工问题，不返工才能省预算

1 门窗套的打孔距离不可过大

在木门窗套施工中，首先应在基层墙面内打孔，下木模。木模上下间距小于300mm，每行间距小于150mm。然后按设计门窗贴脸宽度及门口宽度锯切大芯板，用圆钉固定在墙面及门洞口，圆钉要钉在木模子上。检查底层垫板牢固安全后，可做防火阻燃涂料涂刷处理。

2 室内房门要不要做门套

从装修的角度来讲，门洞装修涵盖门及门边为一个整体来处理，这与美观有关。门做不做门套，这没有硬性规定。如果不做门套，安装成品门之前，门洞要先安装好门框（门框背面做防腐处理），固定牢固后（按质量标准安装）抹灰处理好。

3 能不能用密度板做门套

在家居装修施工过程中，很多工人告诉业主不能用密度板做门套，容易变形。其实对于密度板来说，因为在生产过程中做过防水处理，其吸湿性比木材小，形状稳定性、抗菌性都较好，而且结构均匀，板面平滑细腻，尺寸稳定性好，是可以做门套的。用密度板做门套前，要先确定密度板是否环保，环保性好的密度板才可以用于门套制作。

门套安装容易出现的问题	
一	门套线碰角高低不平：首先门套线应该在同一平面，且高低一致，其次要接缝严密。如果不符合要求，就要求工人立即整改
二	门套不垂直、上下口宽度不一致：做门套时，工人一般都用线坠来调整门套的垂直度。门套上口根据墙面的水平线调整水平度。检测门套的垂直度最简单的方法：用刚卷尺测量门套的上下口宽度，如果宽度不一致，那说明肯定有问题。

4 卫浴间和厨房能不能包木门套

有些业主觉得厨房和卫浴间由于湿度大，因此不能包木门套，其实这是一种错误的观点。在做门套时，所用的材料不会太靠近地面，包套用的材料可以在反面做一层油漆保护，并用灰胶封闭缝隙，这样水分进不来，在使用过程中也不会吸潮变形。

铝合金门窗的施工预算

铝合金门窗的安装注意事项

门窗安装前应核定类型、规格、开启方向是否合乎要求，零部件组合件是否齐全。洞口位置、尺寸及方正应核实，有问题的应提前进行剔凿或找平处理。安装过程中，门窗框与墙体之间需留有15 ~ 20mm 的间隙，并用弹性材料填嵌饱满，表面用密封胶密封。不得将门窗框直接埋入墙体，或用水泥砂浆填缝。密封条安装应留有比门窗的装配边长20 ~ 30mm的余量，转角处应斜面断开，并用胶黏剂粘贴牢固。

预算估价

铝合金门窗的安装费用在28~35元/m^2。

TIPS:

掌握先装推拉门还是先铺地板，避免返工费预算

对于家居中的推拉门来说，是在地板安装之前还是之后安装，主要看推拉门采用的是明轨道还是暗轨道，如果用的是明轨道，那就应该铺完地板后再安装推拉门，如果是暗轨道，则应该是装好门之后，再铺设地板。

铝合金门窗施工重点监控

一	预埋件安装：洞口预埋铁件的间距必须与门窗框上设置的连接件配套。门窗框上铁脚间距一般为500mm，设置在框转角处的铁脚位置应距转角边缘100 ～ 200mm；门窗洞口墙体厚度方向的预埋铁件中心线如设计无规定时，距内墙面100 ～ 150mm
二	门窗框安装：铝框上的保护膜在安装前后不得撕除或损坏。框子安装在洞口的安装线上，调整正、侧面垂直度、水平度和对角线合格后，用对拔木楔临时固定。木楔应垫在边、横框能受力的部位，以免框子被挤压变形；组合门窗应先按设计要求进行预拼装，然后先装通长拼樘料，后装分段拼樘料，最后安装基本门窗框。门窗横向及竖向组合应采用套插，搭接应形成曲面组合，搭接量一般不少于10mm，以避免因门窗冷热伸缩和建筑物变形而引起的门窗之间裂缝。缝隙要用密封胶条密封。若门窗框采用明螺栓连接，应用与门窗颜色相同的密封材料将其掩埋密封
三	门窗安装：框与扇是配套组装而成，开启扇需整扇安装，门的固定扇应在地面处与竖框之间安装踢脚板；内外平开门装扇，在门上框钻孔插入门轴，门下地面里埋设地脚并装置门轴；也可在门扇的上部加装油压闭门器或在门扇下部加装门定位器。平开窗可采用横式或竖式不锈钢滑移合页，保持窗扇开启在90° 上下自行定位。门窗扇启闭应灵活无卡阻、关闭时四周严密；平开门窗的玻璃下部应垫减震垫块，外侧应用玻璃胶填封，使玻璃与铝框连成整体；当门采用橡胶压条固定玻璃时，先将橡胶压条嵌入玻璃两侧密封，然后将玻璃挤紧，上面不再注胶。选用橡胶压条时，规格要与凹槽的实际尺寸相符，其长度不得短于玻璃边缘长度，且所嵌的胶条要和玻璃槽口贴紧，不得松动

塑钢门窗的施工预算

塑钢门窗的五金安装要求

门窗安装五金配件时，应钻孔后用自攻螺钉拧入，不得直接拧入。各种固定螺钉拧紧程度应基本一致，以免变形。固定联结件可用1.5mm 厚的冷轧钢板制作，宽度不小于15mm，不得安装在中横框、中竖框的接头上，以免外框膨胀受限而变形。固定联结件（节点）处的间距要小于或等于600mm。应在距窗框的四个角、中横框、中竖框100 ~ 150mm 处设联结件，每个联结件不得少于两个螺钉。

预算估价

塑钢门窗的安装费用在20~25元/m^2。

塑钢门窗施工重点监控	
一	框子安装连接铁件：框子连接铁件的安装位置是从门窗框宽和高度两端向内各标出150mm，作为第一个连接铁件的安装点，中间安装点间距小于600mm。安装方法是先把连接铁件与框子成45° 放入框子背面燕尾槽内，顺时针方向把连接件扳成直角，然后成孔旋进Ø4×15mm 自攻螺钉固定，严禁用锤子敲打框子，以免损坏
二	立樘子：把门窗放进洞口安装线上就位，用对拔木楔临时固定。校正正、侧面垂直度、对角线和水平度合格后，将木楔固定牢靠。为防止门窗框受木楔挤压变形，木楔应塞在门窗角、中竖框、中横框等能受力的部位。框子固定后，应开启门窗扇，反复检查开关灵活度，如有问题应及时调整；用膨胀螺栓固定连接件时，一只连接件不得少于2 个螺栓。如洞口是预埋木砖，则用二只螺钉将连接件紧固于木砖上
三	塞缝：门窗洞口面层粉刷前，除去安装时临时固定的木楔，在门窗周围缝隙内塞入发泡轻质材料，使之形成柔性连接，以适应热胀冷缩。从框底清理灰渣，嵌入密封膏应填实均匀。连接件与墙面之间的空隙内，也需注满密封膏，其胶液应冒出连接件1 ~ 2mm。严禁用水泥砂浆或麻刀灰填塞，以免门窗框架受震变形
四	安装小五金：塑料门窗安装小五金时，必须先在框架上钻孔，然后用自攻螺钉拧入，严禁直接锤击打入
五	安装玻璃：扇、框连在一起的半玻平开门，可在安装后直接装玻璃。对可拆卸的窗扇，如推拉窗扇，可先将玻璃装在扇上，再把扇装在框上

了解塑钢门窗施工问题，不返工才能省预算

1 塑钢门窗上的保护膜什么时候撕掉合适

塑钢门窗的保护膜撕掉的时间应适宜，要确保在没有污染源的情况下撕掉保护膜。一般情况下，塑钢门窗的保护膜自出厂至安装完毕撕掉保护膜的时间不得超过6 个月。如果出现保护膜老化的问题，应先用15% 的双氧水溶液均匀地涂刷一遍，再用10% 的氢氧化钠水溶液进行擦洗，这样保护膜可顺利地撕掉。

2 塑钢门窗与墙体之间的连接松动

塑钢门窗与墙体之间的连接如果松动，会出现门窗摇晃、不垂直、不平整等问题，这时应拆除连接固定点进行纠正处理，然后将框上的铁脚焊牢和两侧及框下的铁脚预埋件焊牢。

3 塑钢门窗与墙体之间渗水

如果发现塑钢门窗与墙体之间存在渗水现象，应用1：2.5的水泥砂浆分层填嵌塑钢门窗与墙体之间的缝隙，确保填实，并浇水养护7 天以上。

4 纱窗在推拉时卡死了怎么处理

在装修和使用过程中，纱窗容易在拉动时卡死，回弹不归位，现在的纱窗一般为可调力型的，一般可以尝试以下解决办法：弹簧预上力如果偏小可以适当加大预上力；如果弹簧太细可更换粗一些的弹簧，以增强弹力。另外，出现卡死现象时，业主可反复较小心地拉动几次，很多时候也可以解决。

TIPS:

门窗安装要预留洞口

金属门窗、塑钢门窗安装必须先砌墙留出洞口，再把门窗安到洞口中去，严禁边安装边砌洞口或先安门窗后砌墙。这主要是因为金属门窗和塑钢门窗与木门窗不一样，除实腹钢门窗外其他都是空腹的，门窗料较薄，如锤击或挤压易引起局部弯曲和损坏。

全玻门和玻璃的施工预算

全玻门和玻璃的安装要求

全玻门的边缘不得与硬质材料直接接触，玻璃边缘与槽底空隙应不小于5mm。玻璃安装可以嵌入墙体，并保证地面和顶部的槽口深度：当玻璃厚度为5 ～ 6mm 时，深度为8mm ；当玻璃厚度为8 ～ 12mm 时，深度为10mm。玻璃与槽口的前后空隙：当玻璃厚为5 ～ 6mm 时，空隙为2.5mm ；当玻璃厚8 ～ 12mm 时，空隙为3mm。这些缝隙用弹性密封胶或橡胶条填嵌。

预算估价

全玻门和玻璃的安装费用在45~65元/m^2。

全波门施工重点监控	
一	安装弹簧与定位销：确保门底弹簧转轴与门顶定位销的中心线在同一垂直线上
二	安装玻璃门扇上下夹：如果门扇的上下边框距门横框及地面的缝隙超过规定值，即门扇高度不够，可在上下门夹内的玻璃底部垫木胶合板条。如门扇高度超过安装尺寸，则需裁去玻璃扇的多余部分。如是钢化玻璃则需要重新定制安装尺寸
三	安装门扇：先将门框横梁上的定位销用本身的调节螺钉调出横梁平面2mm，再将玻璃门扇竖起来，把门扇下门夹的转动销连接件的孔位对准门底弹簧的转动销轴，并转动门扇将孔位套入销轴上，然后把门扇转动90° ，使之与门框横梁成直角。把门扇上门夹中的转动连接件的孔对准门框横框的定位销，调节定位销的调节螺钉，将定位销插入孔内15mm 左右
四	安装拉手：全玻璃门扇上的拉手孔洞，一般在裁割玻璃时加工完成。拉手连接部分插入孔洞中不能过紧，应略有松动；如插入过松，可在插入部分缠上软质胶带。安装前在拉手插入玻璃的部分涂少许玻璃胶

玻璃安装施工重点监控

一	镶嵌玻璃：钉完后用手轻敲玻璃，响声坚实，说明玻璃安装平实；如果响声啪啦啪啦，要重新取下玻璃，基层处理合格后，再上玻璃
二	安装玻璃：安装彩色玻璃和压花玻璃，应按照设计图案仔细裁割，接缝必须吻合，不允许出现错位松动和斜曲等缺陷；安装压花玻璃或磨砂玻璃时，压花玻璃的花面应向外，磨砂玻璃的磨砂面应向室内；安装玻璃隔断时，隔断上框的顶面应有适量缝隙，以防止结构变形，将玻璃挤压损坏

TIPS:

掌握玻璃关键点，延长使用寿命

玻璃分隔墙的边缘不得与硬质材料直接接触，玻璃边缘与槽底空隙应不小于5mm。玻璃可以嵌入墙体，并保证地面和顶部的槽口深度：当玻璃厚度为5 ~ 6mm 时，深度为8mm ；当玻璃厚度为8 ~ 12mm 时，深度为10mm。玻璃与槽口的前后空隙：当玻璃厚为5 ~ 6mm 时，空隙为2.5mm ；当玻璃厚8 ~ 12mm 时，空隙为3mm。这些缝隙用弹性密封胶或橡胶条填嵌。

地板施工 铺装方式决定了预算的高低变化

预算要点

（1）实木地板的铺装方式不同，其人工费用也不尽相同。一般实木地板的铺装方式有两种：一种是实铺法，就是将实木地板直接铺设在地面上；另一种是架空法，将木地板用木方架空，使其与地面保持一定的距离。

（2）架空式木地板铺设的价格要比实铺式木地板铺设的价格略高，这主要体现在施工复杂度与辅材用量上。

（3）复合地板的安装人工费价格是相对较便宜的，因为复合地板的安装要求并不像实木地板一样严格。

（4）实木地板在施工的过程中经常会发生一些难以预料的问题，掌握了这些问题的解决办法，可在铺装前避免这类问题。

确定木地板铺设走向，节约预算成本

如果木地板的铺设走向不合理，不仅会使装修出来的空间显得窄小、拥挤，而且会增加地板材料的运用，无形中提升了预算的成本。因此，学会计算木地板走向是必要的。以客厅的长边走向为准，如果客厅铺地板的话，其他的房间也跟着同一个方向铺。如果客厅不铺木地板，那么以餐厅的长边走向为准，其他的房间也跟着同一个方向铺。如果餐厅不铺木地板，那么各个房间可以独立铺设，以各个房间长边走向为准，不需要同一方向。

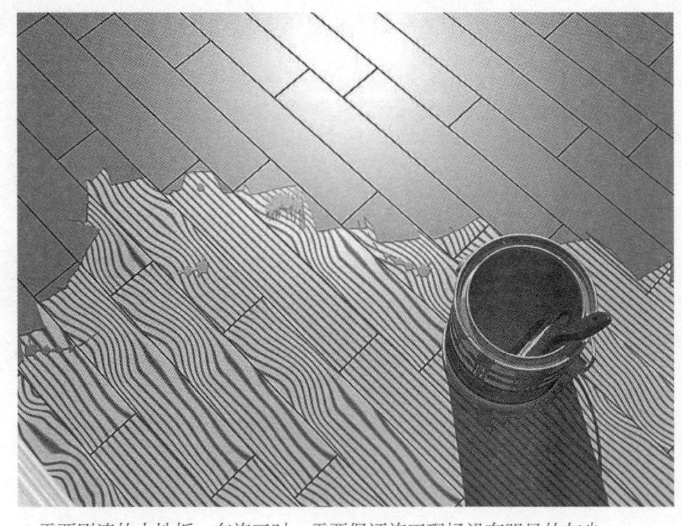

▲需要刷漆的木地板，在施工时，需要保证施工现场没有明显的灰尘

实木地板的施工预算

1 实铺式木地板的施工细节

预算估价

实铺式木地板的人工费用在18~26元/m²。

实铺式木地板基层采用梯形截面木搁栅，木搁栅的间距一般为400mm，中间可填一些轻质材料，以减低人行走时的空鼓声、并改善保温隔热效果。为增强整体性，木搁栅之上铺钉毛地板，最后在毛地板能上能下打接或粘接木地板。另外在木地板一墙的交接处，会要用踢脚板压盖。为散发潮气，可在踢脚板上开孔通风。

2 架空式木地板的施工细节

预算估价

架空式木地板的人工费用在22~35元/m²。

首先将搁栅铺于地板上，间距一般保持在200~400mm，将隔栅两端直接搁置在墙体上由于跨度比较大所以在材料的断面上也要增大，这样用料就会多一点，为了节省材料，可以选择在下方折纸框架空木楞或者是设置地垄墙。其次在架空木楞与隔栅方向进行布置，将其两端设置在基础墙之上，然后更具隔栅的断面来确定距离，距离通常是在1.5~1.8m，这样就能够合理地设计出剪刀撑，能够加强稳固性。

实木地板施工重点监控	
一	基层清理：实铺法施工时，要将基层上的砂浆、垃圾、尘土等彻底清扫干净；空铺法施工时，地垄墙内的砖头、砂浆、灰屑等应全部清扫干净
二	实铺法安装固定木格栅、垫木：当基层锚件为预埋螺栓时，在隔栅上画线钻孔，与墙之间注意留出30mm 的缝隙，将隔栅穿在螺栓上，拉线，用直尺找平隔栅上平面，在螺栓处垫调平垫木；当基层预埋件为镀锌钢丝时，隔栅按线铺上后，拉线，将预埋钢丝把隔栅绑扎牢固；调平垫木，应放在绑扎钢丝处。锚固件不得超过毛地板的底面。垫木宽度不少于5mm，长度是隔栅底宽的1.5 ～ 2 倍
三	空铺法安装固定木格栅、垫木：在地垄墙顶面，用水准仪找平、贴灰饼，抹1：2水泥砂浆找平层。砂浆强度达到15MPa 后，干铺一层油毡，垫通长防腐、防蛀垫木。按设计要求，弹出隔栅线。铺钉时，隔栅与墙之间留30mm 的空隙。将地垄墙上预埋的10 号镀锌钢丝绑扎隔栅。隔栅调平后，在隔栅两边钉斜钉子与垫木连接。隔栅之间每隔800mm 钉剪刀撑木

实木地板施工重点监控	
四	钉毛地板：毛地板铺钉时，木材髓心向上，接头必须设在隔栅上，错缝相接，每块板的接头处留2 ~ 3mm 的缝隙，板的间隙不应大于3mm，与墙之间留8 ~ 12mm的空隙。然后用63mm 的钉子钉牢在隔栅上。板的端头各钉两颗钉子，与隔栅相交位置钉一颗钉帽砸扁的钉子。并应冲入地板面2mm，表面应刨平。钉完，弹方格网点找平，边刨平边用直尺检测，使表面同一水平度与平整度达到控制要求后方能铺设地板
五	安装踢脚线：先在墙面上弹出踢脚线上的上口线，在地板面弹出踢脚线的出墙厚度线，用50mm 钉子将踢脚线上下钉牢再嵌入墙内的预埋木砖上。值得注意的是，墙上预埋的防腐木砖，应凸出墙面与粉刷面齐平。接头锯成45° 斜口，接头上下各钻两个小孔，钉入钉帽打扁的铁钉，冲入2 ~ 3mm
六	抛光、打磨：抛光、打磨是地板施工中的一道细致工序，因此，必须机械和手工结合操作。抛光机的速度要快，磨光机的粗细砂布应根据磨光的要求更换，应顺木纹方向抛光、打磨，其磨削总量控制在0.3 ~ 0.8mm。凡抛光、打磨不到位或粗糙之处，必须手工细刨、细砂纸打磨
七	油漆、打蜡：地板磨光后应立即上漆，使之与空气隔断，避免湿气侵袭地板。先满批腻子两遍，用砂纸打磨洁净，再均匀涂刷地板漆两遍。表面干燥后，打蜡、擦亮

TIPS: 木地板表面不平处理办法

木地板表面不平主要是由基层不平或地板条变形起拱所致。在安装施工时，应用水平尺对龙骨表面找平，如果不平应垫垫木调整。龙骨上应做通风小槽。板边距墙面应留出10mm的通风缝隙。保温隔音层材料必须干燥，防止木地板受潮后起拱。木地板表面平整度误差应在1mm 以内。

实木地板预防变形方法

一	地面防潮处理方法：一般采用“三油两毡”（三层沥青两层油毡纸，再在上面抹一层水泥，阻止有害气体释放）；更简单的处理方法是铺一层防潮膜
二	通过安装来平衡板块膨胀：有的在龙骨上加一层毛地板、有的安装要求板块间留有0.2mm宽的缝隙、有的要求室内四角留有活板方便透气、有的要求墙边地板的伸缩缝内设有弹簧、有的采用铝合金龙骨、有的采用轨道式木地板安装等方法
三	板块防潮处理方法：背板企口涂漆、涂蜡，覆铝铂、覆塑料等

地板出现三角缝的处理办法

地板端头出现三角缝，有的只在端头有三角缝，有的不仅在端头有三角缝，同时在侧边还有缝隙，在房间内呈现不规则分布。一般可以根据产生缝隙的特点及当时的状态确定原因

一	地板坯料养生不合理。地板在开榫前，应对地板的坯料进行养生处理，目的是平衡坯料的含水率，消除坯料的应力，减少地板的变形。但是，地板坯料在养生的过程中由于堆放不合理，在板垛最外侧的地板坯料可能会出现一侧含水率高（外侧），另一侧含水率低（内侧），地板开完榫后，往往使质量检验人员检验不出问题
二	地板的几何尺寸都可以达到标准要求。当地板在用户的使用过程或地板开箱放置一段时间后，地板吸收水分重新平衡，含水率高的一侧吸收水分少，膨胀量小；含水率低的一侧吸收水分多，膨胀量大，导致地板两条长边的长度不等，使地板端头产生三角缝，严重时地板会发生侧弯
三	防潮膜连接处透气引起的单侧膨胀。强化地板安装时防潮膜的连接处未用防水胶带粘严，地板的一侧在防潮膜上面，另一侧在防潮膜的连接处。由于防潮膜的连接处未用防水胶带粘严，潮气蹿入导致该侧地板边变长，地板的两条长边的长度不等，使地板端头产生三角缝

复合地板的施工预算

复合木地板铺装前的准备工作

所有木地板运到施工安装现场后，应拆包在室内存放一个星期以上，使木地板与居室温度、湿度相适应后才能使用。并且木地板安装前应进行挑选，剔除有明显质量缺陷的不合格品。将颜色花纹一致的铺在同一房间，有轻微质量缺陷但不影响使用的，可摆放在床、柜等家具底部使用，同一房间的板厚必须一致。购买时应按实际铺装面积增加10% 的损耗，一次购买齐备。

预算估价

复合木地板的人工费用在10~16元/m²。

复合地板施工重点监控	
一	铺地垫：在基层表面上，先满铺地垫，或铺一块装一块，接缝处不得叠压。接缝处也可采用胶带粘接，衬垫与墙之间应留10 ~ 12mm 空隙
二	装地板：复合地板铺装可从任意处开始，不限制方向。顺墙铺装复合地板，有凹槽口的一面靠着墙，墙壁和地板之间留出空隙10 ~ 12mm，在缝内插入与间距同厚度的木条。铺第一排锯下的端板，用作第二排地板的第一块。以此类推。最后一排通常比其他的地板窄一些，把最后一块和已铺地板边缘对边缘，量出与墙壁的距离，加8 ~ 12mm 间隙后锯掉，用回力钩放入最后排并排紧。地板完全铺好后，应停置24 小时

TIPS:

夏天复合板起翘的处理办法

由于夏天吸潮地板容易膨胀，所以在选择地板的尺寸稳定性和抗变形能力都要求非常好才行。同时，在安装时一定要保证地面足够干燥，施胶量足，地板与墙壁留足伸缩空间，这样铺贴出来的复合板，才不会因为受潮而起翘。

了解木地板施工问题，不返工才能省预算

1 地板踩上去会响的原因

听发出的声音是怎么响，如果是某个地方踩一脚响一下，再踩再响，连续如此，那肯定是木地龙与地面木榫之间没有固定住，或者木榫材质太软不吃力，被地龙骨拉起来所致。如果是某个地方踩上去有时会有声音，有时没有，这种状况大多是地板钉小于实木地板的钻头孔之故，地板雌雄槽之间有松动的空隙。

2 是不是地板越宽铺装效果越好

有些商家经常鼓吹，木地板板面越宽，铺装效果越好。但实际上，宽幅地板的生产工艺并不比窄板高，甚至有的会更低，价格高显然不合理。而且由于采用拼装铺设，宽幅地板容易因地面的平整度不够而产生噪声问题，遇有热胀冷缩时，大块木地板更容易离缝、反弹等，因此家庭使用宽幅木地板并不明智，通常的最佳尺寸是长度600mm 以下，宽度75mm以下，厚度12 ~ 18mm。

3 铺实木地板时木龙骨能否用水泥固定

在铺设实木地板时，水泥是无法固定实木地板龙骨的，应该用电钻打眼，塞上木塞后将木龙骨用钉子钉在地上，然后再将实木地板钉在龙骨上，还必须在安装前询问是否有地热管或其他管线。

地板出现裂缝如何处理	
一	如果是实木地板，在天气再次发生变化或雨水较多时，可能缝隙会变小。这是实木地板天然材质的特征。如果仍然缝隙较大，可以请工人把地板重新铺装。这不是一件难事，木工很容易能做到
二	如果是强化地板，则肯定是地板的质量不好。因为强化地板实际上是密度很高的基材，不会有这么大的变化
三	如果是多层的实木复合地板，则与实木地板的处理方式相同

Chapter 6

选好软装使预算更合理

家具　　布艺织物

灯具　　装饰画

厨房电器

家具 预算占比庞大的家居软装材料

预算要点

（1）床具是家具预算占比较大的一块，因此掌握床具的选购技巧，了解不同材质的床具，可以节省床具的预算支出。

（2）沙发根据造型的不同、材质的不同以及大小的不同，其预算价格也有较大的浮动。

（3）餐桌的价格不像沙发与床具的价格那样高，是预算占比相对较少的家具。在选购餐桌时，掌握其不同材质的市场价格，才能不被骗。

家具的预算价格随着样式与材质而有变化

家具不论从形状的庞大上，或是使用的频率上都是各种家装材料中的重中之重。家具的涵盖面较广，从沙发、床具到柜体、茶几等都属于家具的范畴。因此对家具的相关知识充分地掌握是必要的，不仅要了解各种家具样式风格，而且要注意家具的材质构造，选购等方面的知识。如沙发是家庭中使用最为频繁的家具，根据业主的生活习惯，就有皮质与布艺、L 形沙发与组合沙发的选择等，而根据不同的材质，其市场价格也有较大的差别。

▲家具的选购需要搭配空间内的色调。如客厅选择青蓝色的窗帘，沙发的布艺也需要与之相呼应

不同床具的预算与选购

1 沙发床

沙发床是可以变形的家具，可以根据不同的室内环境要求和需要对家具本身进行组装。可以变化成沙发，拆解开就可以当床使用。是现代家具中比较方便的小空间的家具，是沙发和床的组合。

预算估价

沙发床的市场价格在1650~3150元/件。

2 双层床

双层床为上下床铺设计的床，是一般居家空间最常使用的，不仅节省空间，而且容纳的空间也较多。当一人搬出时，上铺便可成为放置杂物的地方。

预算估价

双层床的市场价格在2500~3600元/件。

3 平板床

平板床由基本的床头板、床尾板和骨架组成，是最常见的式样。虽然简单，但床头板、床尾板却可营造出不同的风格；具有流线线条的雪橇床，是其中最受欢迎的式样。若觉得空间较小，或不希望受到限制，也可舍弃床尾板，让整张床感觉更大。

预算估价

平板床的市场价格在1800~3200元/件。

4 欧式软包床

床头是大有欧式雕花的弯曲造型，并且板材上有大量的皮革软布或是布艺软包。这种床一般会占用较大的卧室空间，但其装饰效果却是其他床具所不能相比的。

预算估价

欧式软包床的市场价格在3800~6500元/件。

5 四柱床

最早来自欧洲贵族使用的四柱床，让床有最宽广的浪漫遐想。古典风格的四柱上，有代表不同风格时期的繁复雕刻；现代乡村风格的四柱床，可借由不同花色布料的使用，将床布置的更加活泼，更具个人风格。

预算估价

四柱床的市场价格在4500~7300元/件。

不同沙发的预算与选购

1 美式沙发

强调舒适但占地较多。美式沙发主要强调舒适性，让人坐在其中感觉像被温柔地环抱住一般。目前许多沙发已经全部由主框架加不同硬度的海绵制成。而许多传统的美式沙发底座仍在使用弹簧加海绵的设计，这使得这种沙发十分结实耐用。

预算估价

美式沙发的市场价格在4500~5600元/套。

2 日式沙发

强调舒适、自然、朴素。日式沙发最大的特点是成栅栏状的木扶手和矮小的设计。这样的沙发最适合崇尚自然而朴素的居家风格的人士。小巧的日式沙发，透露着严谨的生活态度。因此日式沙发也经常被一些办公场所选用。

预算估价

日式沙发的市场价格在2900~3800元/套。

3 中式沙发

强调冬暖夏凉，四季皆宜。中式沙发的特点在于整个裸露在外的实木框架。上置的海绵椅垫可以根据需要撤换。这种灵活的方式，使中式沙发深受许多人的喜爱：冬暖夏凉，方便实用，适合我国南北温差较大的地方。

预算估价

中式的实木沙发的市场价格在6500~9000元/套。

4 欧式沙发

强调线条简洁，适合现代家居。欧式沙发的特点是富于现代风格，色彩比较清雅、线条简洁，适合大多数家庭选用。这种沙发适用的范围也很广，置于各种风格的居室感觉都不错。近来较流行的是浅色的沙发，如白色、米色等。

预算估价

欧式沙发的市场价格在3600~5200元/套。

不同餐桌的预算与选购

1 实木餐桌

实木餐桌具有天然、环保、健康的自然之美与原始之美，强调简单结构与舒适功能的结合，适合简约时尚的家居风格。

预算估价

实木餐桌的市场价格在3200~4300元/套。

2 钢木餐桌

一般采用钢管实木支架和配置玻璃台面为主。由于造型新颖、线条流畅，比较受到消费者的欢迎。

预算估价

钢木餐桌的市场价格在3800~5000元/套。

3 大理石餐桌

大理石餐桌分为天然大理石餐桌和人造大理石餐桌。天然大理石餐桌高雅美观，但是价格相对较贵，且由于天然的纹路和毛细孔以使污渍和油深入，而不易清洁。人造大理石餐桌密度高，油污不容易渗入，容易清洁。

预算估价

大理石餐桌的市场价格在2600~3800元/套。

掌握选购技巧，才能省预算

辨别玻璃餐桌的玻璃质量

玻璃餐桌所使用的玻璃一定要选用钢化玻璃，经过钢化处理的玻璃，强度较之普通玻璃提高数倍，抗弯强度是普通玻璃的3～5倍，抗冲击强度是普通玻璃5~10倍，钢化玻璃破坏后呈无锐角的小碎片，保证了其安全性。外观的平整、透明、光滑度也反映了玻璃的质量，在玻璃底面放置带有文字白纸，正面眼观可否清楚看出字迹以判断其透明度；以手抚摩台面要没有明显的阻滞感，这样的玻璃才是光滑无瑕疵的。

灯具

吊灯是其中预算浮动较大的材料

预算要点

（1）吊灯是各种灯具中造型种类最多的、装饰效果最突出的灯具。而吊顶的造型越复杂、体积越大，其市场价格也越高。

（2）吸顶灯作为空间的主光源，有占用居室高度的优点。而且吸顶灯的价格相比较吊灯也更具性价比。

（3）筒灯与射灯都属于空间的辅助光源，其设计样式相对比较固定，市场价格也不高。

（4）落地灯与台灯的造型比较精致，市场价格处在中等位置，可根据具体的使用位置，做合理的选择。

建材批发市场的灯具更划算

卖灯具的卖场很多，有专业的灯具卖场，有整体家居的卖场，还有建材批发市场等。建材批发市场产品的价格相对较低，但是多是仿制产品，没有知名的品牌，如果并不追求高质量和高品质，可以选择批发市场，这样能节约费用。与批发市场相对的是整体家居卖场，品类多，包括灯具等，但是灯具品牌并不全面，整体价格相对较高。

▲造型精致、灯光柔和的吊灯使客厅增添温馨的气息

吊灯的预算与选购

1 欧式烛台吊灯

欧洲古典风格的吊灯设计只不过将蜡烛改成了灯泡，但灯泡和灯座还是蜡烛和烛台的样子。

预算估价

欧式烛台吊灯的市场价格在2000~3000元/个。

2 水晶吊灯

水晶灯的类型包括天然水晶切磨造型吊灯、重铅水晶吹塑吊灯、低铅水晶吹塑吊灯、水晶玻璃中档造型吊灯、水晶玻璃坠子吊灯等。

预算估价

水晶吊灯的市场价格在2600~4200元/个。

3 中式吊灯

外形古典的中式吊灯，明亮利落，适合装在门厅区。要注意的是，灯具的规格、风格应与客厅配套。另外，如果你想突出屏风和装饰品，则需要加射灯。

预算估价

中式吊灯的市场价格在3100~4500元/个。

掌握选购技巧，才能省预算

1 吊灯配件决定使用寿命

观察吊灯的产品的相关配件，如塑料件，这一点虽然是细节，但是是如何选择吊灯很重要的一点，好的塑料件具有良好的绝缘、抗燃烧功能，这都是家庭安全的必须保证，所以这点就很重要了，其次好的材料不容易裂开、不容易变色等，这都是它的特点，消费者在如何选择吊灯饰时是必须要重视的。

2 检测吸顶灯的面罩质量

检测面罩的好坏可以先用手压面罩，看柔软度怎么样，软的好；再把手心放过去，看颜色，红润的好；最后把罩子打开，看拆卸是否方便。

吸顶灯的预算与选购

1 方罩吸顶灯

方罩吸顶灯即形状为长方形或正方形的罩面吸顶灯。这种吸顶灯的造型比较简洁，适合搭配设计在现代风格、简约风格的卧室空间。

预算估价

方罩吸顶灯的市场价格在450~900元/个。

2 圆球吸顶灯

圆球吸顶灯即形状为一个整体的圆球状，直接与底盘固定的吸顶灯。这种吸顶等的造型具有多种样式，装饰效果精美，适合安装在层高较低的客厅空间。

预算估价

圆球吸顶灯的市场价格在1100~2200元/个。

3 尖扁圆吸顶灯

尖扁圆吸顶灯即扁圆形状的吸顶灯，适合安装在层高较低的空间。这种吸顶灯的造型不像方罩吸顶灯的造型那样单一，其具有优美的流动弧线，适合安装在层高较低的卧室空间。

预算估价

尖扁圆吸顶灯的市场价格在850~1600元/个。

4 半圆球吸顶灯

半圆球吸顶灯的形状是圆球吸顶灯的一半。这样的吸顶灯的灯光照明更加的均匀，十分适合需要柔和光线的室内空间。

预算估价

半圆球吸顶灯的市场价格在950~1850元/个。

TIPS:
荧光粉图层决定着灯光的明暗

观察吊灯表面的荧光粉图层也是很重要的一个细节，好的吊灯所采用的是三基色荧光粉，而差的吊灯产品所采用的是稀土三基色荧光粉掺卤粉的混合粉涂层，两者有什么大的区别呢？从效果上来说，差的吊灯产品发光效率只有好的吊灯的30%左右，其稳定性差，严重光衰，颜色效果不明显，这些因素导致其使用寿命也不长。另外，显色效果不好的话，还容易对小孩的视力造成伤害，因此这点很重要。

射灯与筒灯的预算与选购

1 下照射灯

可装于顶棚、床头上方、橱柜内，还可以吊挂、落地、悬空，分为全藏式和半藏式两种类型。下照射灯的特点是光源自上而下做局部照射和自由散射，光源被合拢在灯罩内，其造型有管式下照灯、套筒式下照灯、花盆式下照灯、凹形槽下照灯及下照壁灯等，可分别装于门廊、客厅、卧室。选择下照灯，瓦数不宜过大，仅为照亮而已，不能强光刺眼。

预算估价

下照射灯的市场价格在25~50元/个。

2 路轨射灯

大都用金属喷涂或陶瓷材料制作，有纯白色、米色、浅灰色、金色、银色、黑色等色调；外形有长方形、圆形，规格尺寸大小不一。可用于客厅、门廊或卧室、书房。可以设一盏或多盏，射灯外形与色调，尽可能与居室整体设计协调统一。路轨装于顶棚下15~30cm处，也可装于顶棚一角靠墙处。

预算估价

路轨射灯的市场价格在40~75元/个。

3 冷光射灯

冷光不会对所照物品产生热辐射，确保商品不受热伤害；防炫目光，灯具配光投射角精准，不会产生光污染；光效高，节能省电。寿命长，正常使用一年内如有不亮，可以免费更换新灯；无频闪，使人的眼睛不会产生疲劳。

预算估价

冷光射灯的市场价格在22~38元/个。

4 嵌入式筒灯

这种嵌装于天花板内部的隐置性筒灯，所有光线都向下投射，属于直接配光。可以用不同的反射器、镜片、百叶窗、灯泡，来取得不同的光线效果。筒灯不占据空间，可增加空间的柔和气氛，如果想营造温馨的感觉，可试着装设多盏筒灯，减轻空间压迫感。

预算估价

嵌入式筒灯的市场价格在20~32元/个。

落地灯与台灯的预算与选购

1 金属落地灯

主体以金属材质为主，包括落地灯的支架、灯罩、托盘等。金属落地灯具备着良好的耐用性，且色彩变化上有许多的选择，如不锈钢金属落地灯、亚光黑漆金属落地灯等。

预算估价

金属落地灯的市场价格在300~750元/个。

2 木制落地灯

以木制材料作为落地灯的主体材料，具备着轻便、便于移动的特点。木制落地灯适合摆放自然气息浓厚的空间，可起到较好的装饰效果。

预算估价

木制落地灯的市场价格在260~550元/个。

台灯种类及说明

种类	优点	缺点	元/盏
铁艺台灯	时尚，现代，造型多样，适合装修百搭，价格低廉	容易生锈	150~320
水晶台灯	适合豪华装修，漂亮，有档次，外形尺寸大，厚重豪华	易碎，价格高	260~500
木艺台灯	古典，造型简单，适合中式装修，价格适中	易断裂，掉色，开胶	180~260
树脂台灯	适合欧式风格装修，灯体结构复杂，款式高贵优雅	时间久容易褪色，价格高	220~380

TIPS:

查看台灯的光线是否均匀

在如何选购台灯的问题上，必须查看台灯的光线问题，在人体的正常坐姿下，光线应与人的视线保持水平，不宜使光线直射眼睛。光线照射范围应在整个工作区域内，不宜太过分散，也不能太过集中，保持灯光的照明度一致，且不宜时暗时明或是不停地闪烁。

厨房电器

预算的高低并不一定与质量成正比

预算要点

（1）根据市场上吸油烟机的油烟吸法不同，通常将吸油烟机分为三类。而每一类根据不同的品牌、材质结构，预算价格也有较大的差别。

（2）吸油烟机并不是价钱越高越好，主要是看排风量与噪声。测试时，若吸油烟机的排放量很好，说明其性价比也较高。

（3）微波炉的品种有很多，但市场价格基本维持在一个固定的区间内。业主可根据个人的实际需求而进行合理的选择。

选购厨具应注意健康环保标识

要烹制出香喷喷的美食，当然要有一套既干净又效率高的厨房设备，利用先进的厨房电器来帮忙，才能在烹调时掌握火候和速度，做出一桌精致美食。而质量差的厨房电器有辐射或噪声，容易伤害使用者的皮肤、听力、甚至引发一系列的病症。因此，在选购厨房电器时，务必要检查所选电器是否有健康环保标志。

▲侧吸式的吸油烟机使用起来更加的方便

吸油烟机的预算与选购

1 顶吸式抽油烟机

目前市场上传统的抽油烟机多数是“顶吸式”，即油烟机安装在灶台上方，通过上面的排风扇把油烟抽走。顶吸式抽油烟机又主要分为中式抽油烟机和欧式抽油烟机。中式抽油烟机相对于“欧式”机有经济实惠的特点，“欧式”机则在外形和功能方面有突出的优点，它的外观时尚，功能方面更加人性化。

预算估价

顶吸式吸油烟机的市场价格在1900~2800元/个。

2 侧吸式抽油烟机

侧吸式（又叫近吸式）改变了传统烟机的设计和抽油烟方式，烹饪时从侧面将产生的油烟吸走，基本达到了清除油烟的效果，而侧吸式抽油烟机中的专利产品——油烟分离板，彻底解决了中式烹调猛火炒菜油烟难清除的难题。这种烟机采用了侧面进风及油烟分离的技术，使得油烟吸净率高达99%，油烟净化率高达90%左右，成为真正符合中国家庭烹饪习惯的抽油烟机。

预算估价

侧吸式吸油烟机的市场价格在1600~3200元/个。

3 下吸式抽油烟机

下吸式类烟机很少，现在有一种与灶具结合的下排风烟机，抽油烟机主机直接放在灶具上面，排油烟效果极佳，炒菜时热气、燃烧废气和油烟可以一齐排走；这种烟机取消了传统的抽油烟机机箱，灶台上方宽敞，特别适于放在阳台上，因抽油烟机和灶具直接放在窗户下面，灶具上面不用有任何装置，彻底解决了窗户上装抽油烟机的难题。但是由于价位普遍较高，以及后期的清理和维修问题，构成了消费者选择中的一些局限和障碍。

预算估价

下吸式吸油烟机的市场价格在3600~5800元/个。

微波炉的预算与选购

1 光波微波炉

现在炒得最热的就是光波微波炉。光波瞬时高温、效率高，与普通微波炉相比，在蒸、煮、烧、烤、煎、炸等方面功能都明显突出，既不破坏食物的营养，也不破坏食物的鲜味。尤其在消毒功能上更是出类拔萃。

预算估价

光波微波炉的市场价格在800~1300元/个。

2 烧烤微波炉

烧烤微波炉一般采用热风循环对流，保证炉腔内温度一致，食物四面受热均匀烤出自然风味，完成理想火候的烧烤。例如，烤肉、做饼干、蛋糕等。

预算估价

烧烤微波炉的市场价格在450~700元/个。

3 蒸气微波炉

蒸气微波炉是使用经过特殊工艺处理的蒸气烹调器皿，其上部的不锈钢专用盖子可以隔断微波和食物的直接接触，锁住食物中的水分和维生素。下部的水槽中加水之后，通过微波的加热产生水蒸气，利用水蒸气的热度及对流来加热烹调食物。这种间接的加热方式能使食物均匀熟透，同时保持食物中的原汁原味，并且防止食物碳化。

预算估价

蒸汽微波炉的市场价格在320~650元/个。

4 变频微波炉

变频微波炉给微波炉市场带来了新的技术革新浪潮。与普通微波炉相比，变频微波炉具有高效节能、机身轻、空间大、噪声低等优点。通过改变电源频率来控制火力大小，连续给食物加热，使食物受热更加均匀、营养流失更少、味道更好。

预算估价

变频微波炉的市场价格在500~950元/个。

布艺织物 整体选购使预算支出更合理

预算要点

（1）窗帘的种类有很多，如布艺窗帘、卷帘、百叶帘等。不同种类的窗帘其价格计算的方式是不同的，这点需格外注意。

（2）床上用品的市场价格差别较大，尤其是真丝类的床品。

（3）选购床上用品时应注意床品的环保系数，因为床品是人们每天都要接触的材料。掌握一些选购技巧，不仅可以保护人们的健康，还能提升预算支出的价值。

（4）地毯的市场价格占比较高的是纯羊毛地毯，而像其他类的材质的价格则相对较便宜。

掌握搭配技巧提升预算价值

想要使布艺织物的预算支出更具价值，就应当掌握布艺织物与空间的搭配技巧。首先应了解空间的整体色调，布艺织物的选购应与空间的色调保持一致。其中，窗帘的色调适合重一些，而床上用品的色调适合轻一些。这样可使空间的视觉感官更具纵深感；然后需要了解空间的设计风格，如田园风格的空间适合选择带碎花纹的布艺织物，欧式风格的空间适合选择镶有金边设计的布艺织物等。

▲卧室内的床品、窗帘、地毯等搭配得恰到好处，增添了卧室的温馨氛围

窗帘的预算与选购

1 平开帘

最常见的有一窗一帘，一窗二帘或一窗多帘，在同一平面的窗户上安装的窗帘，平行地朝两边或中间拉开、闭拢，以达到窗帘使用的基本目的，这就是平拉。

预算估价

平开帘的市场价格在50~80元/m。

2 卷帘

利用滚轴带动圆轨卷动帘子上下拉开、闭拢，以达到窗帘的使用基本目的，这就是卷帘。一般卷帘选用天然或化纤、编织类有韧性的面料，如麻质卷帘、玻璃纤维卷帘、折光片（菲林类材质，多用于办公场地）卷帘，或带粘胶成分的印花布卷帘。

预算估价

卷帘的市场价格在80~100元/m²。

3 百叶帘

把很多宽度、长度统一的叶片用绳子穿在一起，再固定在上下端轨道里，通过操作系统，使帘片上下开收、自转（调光），以达到窗帘的使用基本目的。百叶帘可以说是成品帘里最常见和最常用的，也是在其基础上最花样百出的成品帘。

预算估价

百叶帘的市场价格在100~150元/m²。

4 线帘

线帘的优点在于它的灵活性和广泛的适应性，它适用于各种形式的窗户。线帘以它那种千丝万缕的数量感和若隐若现的朦胧感，点缀于家居的区间分隔之处，为整个居室营造出一种浪漫的氛围。

预算估价

线帘的市场价格在40~75元/m。

TIPS:

依据住宅的环境做选择

这要根据周围环境来考虑，如果房间位居高层，户外空旷，可选纤薄型，且华丽、雅致、轻柔飘逸的；相反，房间处于住宅密集、闹杂场所或位于楼房底层则选择厚实一点的。像百叶窗帘既可控制光度和透气度又不影响窗前物品的陈列。

床上用品价格及说明			
种类	优点	缺点	元/套
纯棉材质	纯棉手感好，使用舒适，易染色，花型品种变化丰富，柔软暖和，吸湿性强，耐洗，带静电少，是床上用品广泛采用的材质	容易起皱，易缩水，弹性差，耐酸不耐碱，不宜在100℃以上的高温下长时间处理，所以棉制品熨烫时最好喷湿，易于熨平	500~800
涤棉材质	平纹涤棉布面细薄，强度和耐磨性都很好，缩水率极小，制成产品外形不易走样，且价格实惠，耐用性能好	舒适贴身性不如纯棉，由于涤纶不易染色，所以涤棉面料多为清淡、浅色调，适合春夏季使用	450~670
真丝材质	真丝外观华丽、富贵，有天然柔光及闪烁效果，感觉舒适，强度高，弹性和吸湿性比棉好，但易脏污，对强烈日光的耐热性比棉差	其纤维横截面呈独特的三角形，局部吸湿后对光的反射发生变化，容易形成水渍且很难消除，所以真丝面料熨烫时要垫白	1500~3800

掌握选购技巧，才能省预算

1 看触摸的手感

好产品手感舒服细腻、有紧密度，摸上去没有粗糙、松垮之感。检测纯棉产品，可从中抽几根细丝点燃，燃烧时散发烧纸味属于正常。

2 闻床品的气味

质最好的产品气味一般清新自然，无异味。如果打开包装就闻到刺鼻的异味，很可能是因为产品中的甲醛或酸碱度超标，最好不要购买。

3 检查面料质量

面料主要看床单，对着光线看，可以看到纺织纹路，纺织孔非常细微，棉线密度均匀的为上品，也可看缝制做工，好的做工工艺的厂家一般选用好的面料。

地毯的预算与选购

1 纯毛地毯

一般以绵羊毛为原料制成。纯毛地毯的手感柔和、拉力大、弹性好、图案优美、色彩鲜艳、质地厚实、脚感舒适，并具有抗静电性能好、不易老化、不褪色等特点。是高级客房、会堂、舞台等地面的装修材料。但纯毛地毯的耐菌性、耐虫蛀性和耐潮湿性较差,价格昂贵,多用于高级别墅住宅的客厅、卧室等处。

预算估价

纯毛地毯的市场价格在600~1000元/m²。

2 混纺地毯

混纺地毯是在纯毛纤维中加入一定比例的化学纤维制成的地面装修材料。混纺地毯中因掺有合成纤维，所以价格较低，使用性能有所提高。该种地毯在图案花色、质地手感等方面与纯毛地毯差别不大,但却克服了纯毛地毯不耐虫蛀、易腐蚀、易霉变的缺点,同时提高了地毯的耐磨性能,大大降低了地毯的价格,使用的范围广泛。

预算估价

混纺地毯的市场价格在180~480元/m²。

3 化纤地毯

化纤地毯是以锦纶(又称尼龙纤维)、丙纶(又称聚丙烯纤维)、腈纶(又称聚丙烯腈纤维)、涤纶(又称聚酯纤维)等化学纤维为原料,用簇绒法或机织法加工成纤维面层,再与麻布底缝合成地毯，又称合成纤维地毯。耐磨性好并且富有弹性，防燃、防污、防虫蛀，且价格较低，适用于一般建筑物的地面装修。

预算估价

化纤地毯的市场价格在100~180元/m²。

4 塑料地毯

塑料地毯是采用聚氯乙烯树脂、增塑剂等多种辅助材料，经均匀混炼、塑制而成。虽然质地较薄、手感硬、受气温的影响大，易老化，但该种材料色彩鲜艳、耐湿性、耐腐蚀性、耐虫蛀性及可擦洗性都比其他材质有很大的提高,特别是具有阻燃性和价格低廉的优势。因塑料地毯耐水，所以也可用于浴室起防滑作用。

预算估价

塑料地毯的市场价格在45~100元/m²。

装饰画 装饰效果突出 极具性价比

预算要点

（1）油画装饰画是典型的欧式风格的装饰品，因油画装饰画一般装饰有精美的画框，其市场价格相比较其他装饰画也较高。

（2）印刷品装饰画是市场上最常见的装饰画种类，其价格比较便宜，可供选择的种类也较多。

（3）根据使用材质的不同，又有木制画与编织画等。这类装饰画具备独特的个性，并且市场价格也相对合理。

（4）掌握一些选购装饰画的技巧，可以避免额外的预算支出。如掌握装饰画与空间搭配的恰当比例等。

利用装饰画节省装修预算

装饰画根据种类的不同、组合形式的不同，可在墙面装饰出多样的精美效果。因此，可以利用装饰画的特性，减少墙面的造型，以达到节省预算支出的目的。购买装饰画时，应根据具体的悬挂空间做决定。如墙面较大的客厅空间，适合选择成组的大幅装饰画；卧室空间则适合选择单幅的、装饰精美的装饰画。而且，选购装饰画时，保持统一的设计风格也是很重要的。

▲组合式的装饰画，可以弥补墙面设计单调的不足

装饰画的预算与选购

1 印刷品装饰画

印刷品装饰画是装饰画市场的主打产品，是由出版商从画家的作品中选出优秀的作品，限量出版的画作，但目前盗版装饰画就像盗版盘一样冲击着正版装饰画市场。

预算估价

印刷品装饰画的市场价格在160~220元/幅。

2 实物装裱装饰画

实物装裱装饰画是新兴的装饰画画种，它以一些实物作为装裱内容，其中一些以中国传统刀币、玉器或瓷器装裱起来的装饰画受到一些人的欢迎。

预算估价

实物装裱装饰画的市场价格在350~430元/幅。

3 手绘装饰画

手绘装饰画艺术价值很高，因而价格也昂贵，具有收藏价值，而那些缺乏艺术价值的手绘画现在已很少有人问津。

预算估价

手绘装饰画的市场价格在550~670元/幅。

4 油画装饰画

油画装饰画是装饰画中最具有贵族气息的一种，它属于纯手工制作，同时可根据消费者的需要临摹或创作，风格比较独特。现在市场上比较受欢迎的油画题材一般为风景、人物和静物。

预算估价

油画装饰画的市场价格在420~500元/幅。

5 动感画

动感画是装饰画中的新贵，以优美的图案，清亮的色彩，充满动感的效果赢得了众多消费者的青睐。动感画也以风景为主，高山流水，古朴典雅。由于采用的新技术能产生极佳的视觉效果，画中的流水和白云就有了一定的动感。

预算估价

动感画的市场价格在130~190元/幅。

6 木制画

预算估价

木制画的市场价格在220~270元/幅。

木制画以木头为原料，经过一定的程序胶粘而成。木制画的品种很多：有碎木片拼贴而成的写意山水画，其层次和色彩感比较强烈；有木头雕刻作品，如人物、动物、非洲脸谱等；还有选用了未经雕琢的材料，如带树皮的木块、原色的麻绳等。

7 摄影画

预算估价

摄影画的市场价格在160~200元/幅。

摄影画主要是翻拍国外作品，具有很强的观赏性和时代感。

8 丝绸画

预算估价

丝绸画的市场价格在380~460元/幅。

比较抽象，有新奇的效果，能起到别具一格的装饰效果。

9 编织画

预算估价

编织画的市场价格在250~300元/幅。

采用毛线、细麻线等原料，纺织成色彩比较明亮的图案，主要题材是少数民族风情 、自然风光等，有较为浓郁的少数民族色彩，用来装饰房间，风格比较独特。

10 烙画

预算估价

烙画的市场价格在650~1000元/幅。

在木板上经高温烙制而成，色彩稍深于木原色。图案的线条较细，效果也就更加细致入微。烙画多采用国画笔法，一般为传统山水或动物画，古色古香。

TIPS:

根据墙壁空间选择装饰画

在选择装饰画的时候首先要考虑的是画所挂置的墙壁位置的空间大小。如果墙壁留有足够的空间，自然可以挂置一幅面积较大的装饰画来装饰。可当空间比较局促的时候，就不应当再选用一幅大的装饰画，而应当考虑面积较小的装饰画。这样不会产生压迫感，同时为墙壁空间留出一片空白更能突出整体的美感。